高等学校计算机教育系列规划教材

# C 语言程序设计实践教程

刘卫国　主　编

易　钢　杨子光
　　　　　　　　副主编
李明霞　朱承学

U0310497

中国铁道出版社
CHINA RAILWAY PUBLISHING HOUSE

# 内 容 简 介

本书是与《C 语言程序设计》配套的教学参考书。全书包括 3 部分内容：上机实验指南、程序设计方法和习题选解。第一部分内容帮助读者熟悉上机环境，方便读者上机操作练习。通过有针对性地上机实验，可以更好地掌握 C 语言程序设计的方法。第二部分内容将问题进行分类，总结每一类问题的编程思路，并给出大量的程序实例，以引导读者掌握基本的程序设计方法和技巧。还介绍了程序测试与调试的一般方法，帮助读者提高调试程序的能力。第三部分内容可以作为课后学习或参加各种计算机等级考试的辅导材料。

本书内容丰富，实用性强，适合作为高等院校计算机程序设计课程的教学用书，也可供社会各类软件开发人员与参加各类计算机等级考试的读者阅读参考。

**图书在版编目（CIP）数据**

C 语言程序设计实践教程 / 刘卫国主编 . —北京：中国
铁道出版社，2008.1（2017.1 重印）
（高等学校计算机教育系列规划教材）
ISBN 978-7-113-08550-6

Ⅰ. C… Ⅱ. 刘… Ⅲ. C 语言－程序设计－高等学校－教
材 Ⅳ. TP312

中国版本图书馆 CIP 数据核字（2008）第 010731 号

书　　名：C 语言程序设计实践教程
作　　者：刘卫国　主编

策　　划：严晓舟　秦绪好
责任编辑：李　旸　徐盼欣
封面设计：付　巍
责任制作：白　雪

出版发行：中国铁道出版社（100054，北京市西城区右安门西街 8 号）
网　　址：http://www.51eds.com
印　　刷：中国铁道出版社印刷厂
版　　次：2008 年 2 月第 1 版　　2017 年 1 月第 7 次印刷
开　　本：787mm×1092mm　1/16　印张：16.5　字数：378 千
印　　数：15 001～16 500 册
书　　号：ISBN 978-7-113-08550-6
定　　价：28.00 元

前言

C 语言程序设计是一门实践性很强的课程，学习程序设计不能仅限于纸上谈兵。许多程序设计方法和技巧不是光靠听课和看书就能学到的，而是通过大量的上机实践积累起来的，程序设计能力的培养必须以实践为重。本书是与《C 语言程序设计》配套的教学参考书。全书包括 3 部分内容：

（1）第一部分是上机实验指南，包括 C 语言程序的集成开发环境、实验要求与实验项目两章。

尽管本书使用 Visual C++ 6.0 集成开发环境，但考虑到部分读者仍在使用 Turbo C，所以本章介绍两种最流行的 C 语言集成开发环境——Visual C++ 6.0 和 Turbo C 2.0，熟悉和掌握这方面的操作是 C 语言程序设计上机实验的基础。

实验要求与实验项目一章设计了 14 个实验，实验内容和教学内容衔接对应。最后一个实验是综合程序设计，可作为课程设计的内容。这些实验和课堂教学紧密配合，通过有针对性地上机实验，可以更好地掌握 C 语言程序设计的方法，并培养较强的应用开发能力。

为了达到理想的实验效果，实验前应认真准备，要根据实验目的和实验内容，复习好实验中可能要用到的知识，想好编程的思路，做到胸有成竹，提高上机效率。实验过程中积极思考，要深入分析程序的执行结果以及各种屏幕信息的含义、出现的原因并提出解决办法。实验后认真总结，要总结本次实验有哪些收获，还存在哪些问题，并写出实验报告。

（2）第二部分是程序设计方法，包括常用算法设计方法、程序测试与调试两章。

提高程序设计的能力是 C 语言程序设计学习的根本任务。考虑到算法设计即如何确立编写程序的思路是学习的难点，特意增加这部分内容。这部分内容将常见的程序设计问题进行分类，总结每一类问题的编程思路与技巧，并给出大量的程序实例，以引导读者掌握基本的程序设计方法和技巧。教学实践表明，这种方法对提高读者的编程能力是大有裨益的。同样，这些内容对学习其他高级语言程序设计也是有帮助的。

程序测试与调试是程序设计的重要环节。通过测试发现程序中的错误，然后找出错误的原因和位置并加以改正，这就是程序调试的目的。编写程序时出错是难免的，问题是如何在短时间内发现并纠正程序中的错误，这就要培养较强的调试程序的能力。这部分内容介绍程序测试与调试的一般方法，并结合 Visual C++ 6.0 集成开发环境说明如何运用这些方法来调试 C 程序。

（3）第三部分是习题选解，根据教学要求和教学内容分成 11 章。这部分内容包括大量的习题，涉及目前各种计算机考试中流行的题型，并附有参考答案。这部分内容可供读者进行课外练习使用，也可作为参加各种计算机考试的辅导材料。

本书内容丰富，实用性强，适合作为高等院校计算机程序设计课程的教学用书，也可供社会各类软件开发人员与参加各类计算机等级考试的读者阅读参考。

　　本书由刘卫国任主编，易钢、杨子光、李明霞、朱承学任副主编。第1、3、4章由刘卫国编写，第2章由易钢、杨子光、李明霞编写，第5～8章由朱承学编写，第9章由舒卫真编写，第10章由童键编写，第11～15章由蔡立燕编写。参与程序调试与资料整理的还有杨斌、刘勇、张志良、李斌、康维、罗站城、邹美群等。此外，本书还得到了中南大学信息科学与工程学院施荣华教授的支持与帮助，在此表示感谢。

　　由于编者学识水平有限，书中的疏漏或错误之处在所难免，恳请广大读者批评指正。

编　者

2008年1月

# 第一部分　上机实验指南

# 第二部分　程序设计方法

# 第三部分  习 题 选 解

# 第一部分

# 上机实验指南

# 第 1 章　C 语言程序的集成开发环境

运行 C 语言程序需要相应编译系统的支持。C 的编译系统有很多，常用的都是集成开发环境，即源程序的输入、修改、调试及运行都可以在同一环境下完成，功能齐全，操作方便。本章介绍 Visual C++ 6.0 和 Turbo C 2.0 两种流行的 C 语言程序集成开发环境。

## 1.1　Visual C++ 6.0 集成开发环境

C++语言是在 C 语言的基础上发展而来，它增加了面向对象的程序设计，成为当今流行的一种程序设计语言。Visual C++是 Microsoft 公司开发的面向 Windows 编程的 C++语言工具。它不仅支持 C++语言的编程，也兼容 C 语言的编程。Visual C++ 6.0（简称 VC 6.0）是目前常用的版本，被广泛地应用于实际软件开发。

VC 6.0 是基于 Windows 的 C/C++开发环境，包含的内容十分丰富，本节只介绍一些常用的与 C 语言程序设计相关的操作，以方便读者在 VC 6.0 环境下编写 C 语言程序。

### 1.1.1　Visual C++ 6.0 的安装与启动

在启动 VC 6.0 之前，首先要安装 VC 6.0。它既可以单独安装，也可以随 Visual Studio 一起安装。VC 6.0 的安装方法和其他 Windows 应用程序的安装方法类似。将 VC 6.0 系统安装盘放入光驱，一般情况下系统能自动运行安装程序，否则运行安装盘中的 setup.exe 文件。启动安装程序后，根据屏幕提示依次回答有关内容，便可完成系统安装。

启动 VC 6.0 的过程十分简单。常用的方法是，在 Windows 桌面选择"开始"|"程序"|"Microsoft Visual Studio 6.0"|"Microsoft Visual C++ 6.0"选项，即可启动 VC 6.0，屏幕上将显示如图 1-1 所示的 VC 6.0 主窗口。

也可以在安装完成后，在 Windows 桌面建立 VC 6.0 的快捷方式图标，这样双击快捷方式图标就能进入 VC 6.0 主窗口。

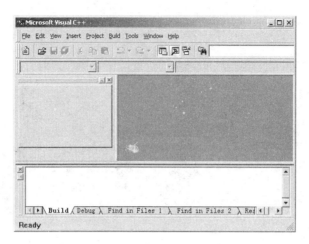

图 1-1　VC 6.0 主窗口

## 1.1.2　Visual C++ 6.0 主窗口的组成

和其他 Windows 应用程序一样，VC 6.0 主窗口也具有标题栏、菜单栏和工具栏。标题栏的内容是 Microsoft Visual C++。菜单栏提供了编辑、运行和调试 C/C++ 程序所需要的菜单项。工具栏是一些菜单项的快捷按钮，单击工具栏上的按钮，即可执行该按钮所代表的操作。

在 VC 6.0 主窗口的左侧是项目工作区（Workspace）窗口，右侧是程序编辑窗口，下方是输出（Output）窗口。项目工作区窗口用于显示所设置的工作区的信息，程序编辑窗口用于输入和修改源程序，输出窗口用于显示程序编译、运行和调试过程中出现的状态信息。

### 1. 菜单栏

VC 6.0 的菜单栏共有 9 个菜单项：File、Edit、View、Insert、Project、Build、Tools、Window 和 Help，每个菜单项都有下拉菜单，用鼠标单击菜单项即可弹出其下拉菜单，下拉菜单中的每个菜单项执行不同的功能。下面对各菜单项进行详细介绍。

（1）File 菜单

File 菜单包含用于对文件进行各种操作的菜单项，其快捷键及功能如表 1-1 所示。

表 1-1　File 菜单项

| 菜 单 项 | 快 捷 键 | 功 能 说 明 |
| --- | --- | --- |
| New | Ctrl+N | 创建一个新的文件、项目或工作区 |
| Open | Ctrl+O | 打开一个已存在的文件 |
| Close | — | 关闭当前打开的文件 |
| Open Workspace | — | 打开一个已存在的工作区 |
| Save Workspace | — | 保存当前打开的工作区 |
| Close Workspace | — | 关闭当前打开的工作区 |
| Save | Ctrl+S | 保存当前打开的文件 |
| Save As | — | 将当前文件另存为一个新的文件 |
| Save All | — | 保存所有打开的文件 |
| Page Setup | — | 对页面的布局进行设置 |

续上表

| 菜　单　项 | 快　捷　键 | 功　能　说　明 |
|---|---|---|
| Print | Ctrl+P | 打印当前打开的文件 |
| Recent Files | — | 最近使用的文件列表 |
| Recent Workspaces | — | 最近使用的工作区列表 |
| Exit | — | 退出集成开发环境 |

（2）Edit 菜单

Edit 菜单包含所有与文件编辑操作有关的菜单项，其快捷键及功能如表 1-2 所示。

表 1-2　Edit 菜单项

| 菜　单　项 | | 快　捷　键 | 功　能　说　明 |
|---|---|---|---|
| Undo | | Ctrl+Z | 撤销上一次的操作 |
| Redo | | Ctrl+Y | 恢复被撤销的操作 |
| Cut | | Ctrl+X | 将所选内容剪切至剪贴板中 |
| Copy | | Ctrl+C | 将所选内容复制至剪贴板中 |
| Paste | | Ctrl+V | 将当前剪贴板中的内容粘贴到当前插入点 |
| Delete | | Del | 删去所选内容 |
| Select All | | Ctrl+A | 选定当前窗口中的全部内容 |
| Find | | Ctrl+F | 查找指定的字符串 |
| Find in Files | | — | 在多个文件中查找指定字符串 |
| Replace | | Ctrl+H | 替换指定字符串 |
| Go To | | Ctrl+G | 光标自动转移到指定位置 |
| Bookmarks | | Alt+F2 | 设置书签或书签导航 |
| Advanced | Incremental Search | Ctrl+I | 开始向前搜索 |
| | Format Selection | Alt+F8 | 对选中对象进行快速缩排 |
| | Tabify Selection | — | 在选中对象中用制表符代替空格 |
| | Untabify Selection | — | 在选中对象中用空格代替制表符 |
| | Make Selection Uppercase | Ctrl+Shift+U | 把选中部分改成大写 |
| | Make Selection Lowercase | Ctrl+U | 把选中部分改成小写 |
| | a–b View Whitespace | Ctrl+Shift+8 | 显示或隐藏空格点 |
| Breakpoints | | Alt+F9 | 编辑程序中的断点 |
| List Member | | Ctrl+Alt+T | 显示出全部关键字 |
| Type Info | | Ctrl+T | 显示变量、函数或方法的语法 |
| Parameter Info | | Ctrl+Shift+Space | 显示函数的参数 |
| Complete Word | | Ctrl+Space | 给出相关关键字的全称 |

（3）View 菜单

View 菜单包含用于检查源代码和调试信息的各种菜单项，其快捷键及功能如表 1-3 所示。

表 1-3　View 菜单项

| 菜　单　项 | | 快　捷　键 | 功 能 说 明 |
|---|---|---|---|
| ClassWizard | | Ctrl+W | 编辑应用程序的类 |
| Resource Symbols | | — | 浏览和编辑资源文件中的资源标识符（ID 号） |
| Resource Includes | | — | 编辑修改资源文件名及预处理命令 |
| Full Screen | | — | 切换到全屏幕显示方式 |
| Workspace | | Alt+0 | 激活项目工作区（Workspace）窗口 |
| Output | | Alt+2 | 激活输出（Output）窗口 |
| Debug Windows | Watch | Alt+3 | 激活监视（Watch）窗口 |
| | Call Stack | Alt+7 | 激活调用栈（Call Stack）窗口 |
| | Memory | Alt+6 | 激活内存（Memory）窗口 |
| | Variables | Alt+4 | 激活变量（Variables）窗口 |
| | Registers | Alt+5 | 激活寄存器（Registers）窗口 |
| | Disassembly | Alt+8 | 激活反汇编（Disassembly）窗口 |
| Refresh | | — | 更新选中区域 |
| Properties | | Alt+Enter | 打开源文件属性窗口 |

（4）Insert 菜单

Insert 菜单包含用于向当前项目中插入新类、新资源等的菜单项，其快捷键及功能如表 1–4 所示。

表 1-4　Insert 菜单项

| 菜　单　项 | 快　捷　键 | 功 能 说 明 |
|---|---|---|
| New Class | — | 在项目中添加一个新类 |
| New Form | — | 在项目中添加一个新表单 |
| Resource | Ctrl+R | 创建各种新资源 |
| Resource Copy | — | 对选定的资源进行复制 |
| File As Text | — | 将一个已存在的文件插入到当前焦点中 |
| New ATL Object | — | 在项目中添加一个新的 ATL 对象 |

（5）Project 菜单

Project 菜单包含用于管理项目和工作区的一系列菜单项，其快捷键及功能如表 1–5 所示。

表 1-5　Project 菜单项

| 菜　单　项 | | 快　捷　键 | 功 能 说 明 |
|---|---|---|---|
| Set Active Project | | — | 选择指定项目为当前工作区中活动项目 |
| Add To Project | New | — | 在项目中增加新文件 |
| | New Folder | — | 在项目中增加新文件夹 |
| | Files | — | 在项目中插入已存在的文件 |
| | Data Connection | — | 在当前项目中增加数据连接 |
| | Components and Controls | — | 在当前项目中插入一个部件或 ActiveX 控件 |

续上表

| 菜　单　项 | 快　捷　键 | 功　能　说　明 |
| --- | --- | --- |
| Dependencies | — | 编辑项目组件 |
| Settings | Alt+F7 | 编译及调试的设置 |
| Export Makefile | — | 以制作文件（.mak）形式输出可编译项目 |
| Insert Project into Workspace | — | 将项目插入到项目工作区窗口中 |

（6）Build 菜单

Build 菜单包含用于编译、创建、调试及执行应用程序的菜单项，其快捷键及功能如表 1-6 所示。

表 1-6　Build 菜单项

| 菜　单　项 | | 快　捷　键 | 功　能　说　明 |
| --- | --- | --- | --- |
| Compile | | Ctrl+F7 | 编译当前编辑窗口中打开的文件 |
| Build | | F7 | 生成一个可执行文件，即编译一个项目 |
| ReBuild All | | — | 编译和连接多个项目文件 |
| Batch Build | | — | 一次编译和连接多个项目文件 |
| Clean | | — | 删除当前项目中所有中间文件及输出文件 |
| Start Debug | Go | F5 | 开始或继续调试程序 |
| | Step Into | F11 | 单步运行调试 |
| | Run to Cursor | Ctrl+F10 | 运行程序到光标所在处 |
| | Attach to Process | — | 连接正在运行的进程 |
| Debugger Remote Connection | | — | 编辑远程调试连接设置 |
| Excute | | Ctrl+F5 | 运行可执行文件 |
| Set Active Configuration | | — | 选择激活的项目及配置 |
| Configurations | | — | 编辑项目配置 |
| Profile | | — | 选中该菜单项，用户可以检查代码的执行情况 |

（7）Tools 菜单

Tools 菜单中包含 VC 6.0 中提供的各种工具，用户可以直接从菜单中调用它们，其快捷键及功能如表 1-7 所示。

表 1-7　Tools 菜单项

| 菜　单　项 | 快　捷　键 | 功　能　说　明 |
| --- | --- | --- |
| Source Browser | Alt+F12 | 浏览对指定对象的查询及相关信息 |
| Close Source Browser File | — | 关闭信息浏览文件 |
| Visual Component Manager | — | 激活组件管理器 |
| Register Control | — | 激活注册控件 |
| Error Lookup | — | 激活错误查找器 |
| ActiveX Control Text Container | — | 激活 ActiveX 控件测试器 |
| OLE/COM Object Viewer | — | 激活 OLE/COM 对象查看器 |

续上表

| 菜 单 项 | 快 捷 键 | 功 能 说 明 |
| --- | --- | --- |
| Spy++ | — | 激活 Spy++工具包 |
| MFC Tracer | — | 激活 MFC 跟踪器 |
| Customize | — | 定制 Tool 菜单和工具栏 |
| Options | — | 改变集成开发环境的各项设置 |
| Macro | — | 创建和编辑宏 |
| Record Quick Macro | Ctrl+Shift+R | 记录宏 |
| Play Quick Macro | Ctrl+Shift+P | 运行宏 |

（8）Window 菜单

Window 菜单用于设置 VC 6.0 开发环境中窗口的属性，其快捷键及功能如表 1-8 所示。

表 1-8　Window 菜单项

| 菜 单 项 | 快 捷 键 | 功 能 说 明 |
| --- | --- | --- |
| New Window | — | 为当前文档打开另一个窗口 |
| Split | — | 将窗口拆分为多个窗口 |
| Docking View | Alt+F6 | 启动或关闭 Docking View 模式 |
| Close | — | 关闭当前窗口 |
| Close All | — | 关闭所有打开的窗口 |
| Next | — | 激活下一个窗口 |
| Previous | — | 激活上一个窗口 |
| Cascade | — | 将工作区中所有打开的窗口重叠排列 |
| Tile Horizontally | — | 将工作区中所有的打开窗口按照纵向平铺 |
| Tile Vertically | — | 将工作区中所有的打开窗口按照横向平铺 |
| Windows | — | 管理当前打开的窗口 |

（9）Help 菜单

Help 菜单提供了详细的帮助信息，其快捷键及功能如表 1-9 所示。

表 1-9　Help 菜单项

| 菜 单 项 | 快 捷 键 | 功 能 说 明 |
| --- | --- | --- |
| Contents | — | 显示所有帮助信息的内容列表 |
| Search | — | 利用在线查询获得帮助信息 |
| Index | — | 显示在线文件的索引 |
| Use Extension Help | — | 打开或关闭 Extension Help |
| Keyboard Map | — | 显示所有键盘命令 |
| Tip of the Day | — | 显示 Tip of the Day |
| Technical Support | — | 显示 Visual Studio 的支持信息 |
| Microsoft on the Web | — | 有关 Microsoft 的网站或网页 |
| About Visual C++ | — | 显示版本的有关信息 |

### 2. 工具栏

默认情况下，VC 6.0 提供了 11 个工具栏，但只显示 3 个工具栏。用户可以通过右击工具栏，在弹出的快捷菜单中选择需要显示的工具栏，如图 1-2 所示。

在图 1-2 中显示了系统提供的工具栏，其中具有复选标记的菜单项表示在开发环境中显示的工具栏。用户可以通过单击菜单项来控制工具栏是否显示。

这里只介绍在 C 语言程序开发环境中常用的工具栏。

（1）标准工具栏（Standard）

标准工具栏主要帮助用户维护和编辑工作区中的文本和文件，如图 1-3　　图 1-2　工具栏快捷菜单
所示。

图 1-3　Standard 工具栏

实际上，工具栏中的命令按钮大多是与菜单栏中的菜单项对应的。标准工具栏中各功能按钮所对应的菜单项如表 1-10 所示。

表 1-10　标准工具栏中各功能按钮所对应的菜单项

| 名　称 | 相应菜单项 | 名　称 | 相应菜单项 |
| --- | --- | --- | --- |
| New | File \| New | Redo | Edit \| Redo |
| Open | File \| Open | Workspace | View \| Workspace |
| Save | File \| Save | Output | View \| Output |
| Save All | File \| Save All | Window List | View \| Window List |
| Cut | Edit \| Cut | Find in Files | Edit \| Find in Files |
| Copy | Edit \| Copy | Find | Edit \| Find |
| Paste | Edit \| Paste | Search | Help \| Search |
| Undo | Edit \| Undo | — | — |

（2）编译工具栏（Build MiniBar）

编译工具栏是 Build 工具栏的子集，如图 1-4 所示。

编译工具栏中各功能按钮所对应的菜单项如表 1-11 所示。　　图 1-4　Bulid MiniBar 工具栏

表 1-11　编译工具栏中各功能按钮所对应的菜单项

| 名　称 | 相应菜单项 | 名　称 | 相应菜单项 |
| --- | --- | --- | --- |
| Compile | Build \| Compile | Execute Program | Build \| Execute |
| Build | Build \| Build | Go | Build \| Start Debug \| Go |
| Stop Build | Build \| Stop Build | Insert/Remove Breakpoint | Edit\|Breakpoints |

### 3. 项目工作区窗口

项目工作区窗口通常包括 3 个选项卡，即 ClassView、ResourceView 和 FileView，分别显示项

目中的类信息、资源信息和文件信息，C 语言程序一般没有资源信息选项卡。在窗口底端单击相应图标标签可在 3 个选项卡之间切换。下面分别对它们进行介绍。

（1）ClassView 选项卡

ClassView 选项卡用来显示当前工作区中所有类、结构体和全局变量，如图 1-5 所示。

ClassView 选项卡提供了项目中所有类、结构体和全局变量的层次列表，通过单击列表左侧小的加号（+）图标或减号（-）图标可以扩展或折叠列表。双击列表开头靠近文件夹或书本形状图标的文字也可以扩展或折叠列表。

在层次列表的每个项目前面都有一个特殊的图标。例如，私有函数的图标是一个紫色菱形框，全局变量是一个青绿色图标。当用户双击某函数名时，在程序编辑窗口将打开定义该函数的源代码。

用户在某一个列表项目名上右击时，将弹出一个快捷菜单，从中可以选择要执行的菜单项。右击的项目名不同，快捷菜单中的菜单项也就不同。

（2）ResourceView 选项卡

ResourceView 选项卡在层次列表中列出了项目中用到的所有资源。任何图像、字符串以及程序所需要的其他编程部件都可以作为资源使用。C 语言程序用不到此项。

（3）FileView 选项卡

FileView 选项卡用于管理项目中使用的文件。它根据文件类型的不同，将其放置在不同的节点下。例如，源文件被放置在 Source Files 节点下，头文件（.h）被放置在 Header Files 节点下，如图 1-6 所示。

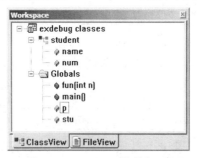

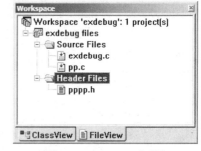

图 1-5　ClassView 选项卡　　　　　　　图 1-6　FileView 选项卡

在 FileView 选项卡中，用户不仅可以把文件从一个文件夹移动到另一个文件夹中，也可以创建保存特定类型文件（根据其扩展名）的新文件夹。创建新文件夹的方法是：右击要添加新文件夹的文件夹或项目，然后在快捷菜单中选择 New Folder 菜单项，系统将显示 New Folder 对话框，输入文件夹的名称以及相应的文件扩展名，然后单击 OK 按钮完成创建过程。双击在 FileView 选项卡中显示的文件名，即可以编辑该文件。

**4．程序编辑窗口**

VC 6.0 提供的程序编辑窗口是一个功能齐全的文本编辑器，可用于编辑 C/C++头文件、C/C++程序文件、Text 文本文件和 HTML 文件等。当打开或建立上述类型的文件时，该编辑器将自动打开。VC 6.0 编译器除了具有复制、查找、替换等一般文本编辑器的功能外，还具有很多特色功能，如根据 C/C++语法将不同元素按照不同颜色显示、根据合适长度自动缩进等。

文本编辑器还具备自动提示的功能。当用户输入程序代码时，文本编辑器会显示对应的成员函数和变量，用户可以在成员列表中选择需要的成员，这样既可以减少输入工作量，又可以避免手动输入错误。

### 5. 输出窗口

输出窗口主要用于显示编译、调试结果以及文件的查找信息等，它共有 6 个选项卡，如表 1-12 所示。

表 1-12　输出窗口中各选项卡的功能

| 选项卡名称 | 功 能 说 明 |
| --- | --- |
| Build | 显示编译和连接结果 |
| Debug | 显示调试信息 |
| Find in Files 1 | 显示 Edit\|Find in Files 命令的查找结果。默认情况下，查找结果显示在 Find in Files 1 选项卡中，但 Find in Files 对话框中有一个复选框，允许把结果显示在 Find in Files 2 选项卡中 |
| Find in Files 2 | 显示 Edit\|Find in Files 命令的查找结果 |
| Results | 显示 Profile 工具的结果。Profile 是一个辅助工具，能够显示编译程序的时间、线程等信息，这些信息显示在 Results 选项卡中 |
| SQL Debugging | 显示 SQL 调试信息 |

## 1.1.3　Visual C++ 6.0 环境下 C 程序的运行

### 1. 新建或打开 C 程序文件

在 VC 6.0 主窗口的菜单栏中选择 File\|New 菜单项，这时屏幕出现一个 New 对话框，如图 1-7 所示。单击该对话框中的 Files 标签，选中 C++ Source File 选项，表示要建立新的源程序。在对话框右半部分的 Location 文本框中输入源程序文件的存储路径（如 e:\cp），在 File 文本框中输入源程序文件的名称（如 test.c）。

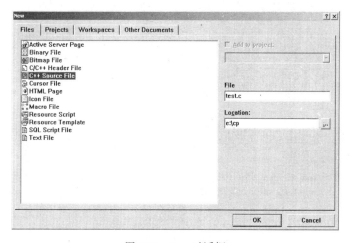

图 1-7　New 对话框

**注意：**

（1）源程序文件的存储路径一定要事先建好。即首先要在 e 盘建立文件夹 cp，然后才能输入上面的存储路径 e:\cp。

（2）输入文件名时，一定要指定扩展名.c，否则系统将按 C++扩展名.cpp 保存。

在单击 OK 按钮后，回到 VC 6.0 主窗口，可以在编辑窗口中输入或修改源程序。由于完全是 Windows 界面，可以使用鼠标操作，因此输入和修改都十分方便。

如果源程序文件已经存在，可选择 File|Open 菜单项，并在查找范围下拉列表框中找到正确的文件路径，打开指定的程序文件。

文件修改后要进行存盘操作。

### 2．程序的编译

在主窗口的菜单栏中选择 Build|Compile test.c 菜单项，如是首次编译，则屏幕出现一个对话框，如图 1-8 所示。编译命令要求建立一个项目工作区，询问用户是否同意建立一个默认的项目工作区。单击"是(Y)"按钮，表示同意由系统建立默认的项目工作区，然后开始编译。

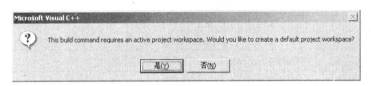

图 1-8　编译过程中屏幕出现的提示对话框

也可以不用菜单操作，而直接按【Ctrl+F7】组合键来完成编译。

在编译过程中，编译系统检查源程序中有无语法错误，然后在输出窗口显示编译信息。如果程序没有语法错误，则生成目标文件 test.obj，并将在输出窗口中显示（见图 1-9）。

```
TEST.OBJ - 0 error(s), 0 warning(s)
```

表示没有任何错误。

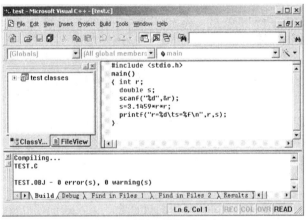

图 1-9　编译正确提示信息

出现几个警告信息（warning）并不影响程序执行。假如有错误信息（error），则会指出错误的位置和信息，双击某行出错信息，程序窗口中会指示对应出错位置，根据信息窗口的提示分别予以修改。为了"造"一个错误，将上面 test.c 中 printf 函数调用语句后面的分号去掉，重新编译，错误提示如图 1-10 所示。要根据错误信息分析错误原因并找到错误位置，对源程序进行修改。

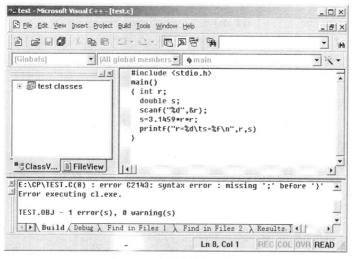

图 1-10　编译出错提示信息

### 3．程序的连接

在生成目标程序后，还要把程序和系统提供的资源（如库函数、头文件等）连接起来，生成可执行文件后才能运行。此时在主窗口的菜单栏中选择 Build|Build test.exe 菜单项，表示要求连接并生成一个可执行文件 test.exe。同样，在输出窗口会显示连接信息，如果有错误，则要返回修改源程序。

以上介绍的是分别进行程序的编译和连接，也可以在主窗口的菜单栏中选择 Build|Build 菜单项（或按【F7】键）一次完成编译与连接。

### 4．程序的执行

在生成可执行文件后，就可以执行程序了。在主窗口的菜单栏中选择 Build|! Execute test.exe 菜单项（或按【Ctrl+F5】组合键）执行程序。当程序执行后，VC 6.0 将自动弹出数据输入输出窗口，如图 1-11 所示。第 1 行是执行 scanf 函数时，用户从键盘输入的 r 值，按【Enter】键结束，第 2 行是 printf 函数的输出结果，按任意键将关闭该窗口。

图 1-11　数据输入输出窗口

### 5．关闭程序工作区

当一个程序编译连接后，VC 6.0 自动产生相应的工作区，以完成程序的运行和调试。若想执行第 2 个程序，必须关闭前一个程序的工作区，然后通过新的编译连接产生第 2 个程序的工作区，否则将一直运行前一个程序。File 菜单提供关闭程序工作区的功能。选择 Close Workspace 菜单项，然后在如图 1-12 所示的对话框中单击"否(N)"按钮将关闭程序工作区；如果单击"是(Y)"按钮则将同时关闭源程序窗口。

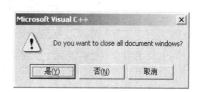

图 1-12　关闭程序工作区提示对话框

# 1.2　Turbo C 2.0 集成开发环境

Turbo C 2.0（简称 TC 2.0）集成开发环境是 Borland 公司推出的一个集程序编辑、编译、连接、调试为一体的 C 语言程序开发工具。在 DOS 系统时代，TC 2.0 是最广泛使用的一种 C 程序开发工具，很多 C 应用软件都是由 TC 2.0 开发完成。随着计算机及其软件的发展，操作系统已经从 DOS 发展到了 Windows。Windows 系统下的大部分应用软件已经不再使用 TC 2.0 来开发，但由于其界面简单，容易入门，所以就教学而言，它仍可作为一种学习 C 语言程序设计的上机环境。

## 1.2.1　Turbo C 2.0 的安装与启动

### 1．系统安装

TC 2.0 的安装非常简单。在 Windows 中，启动 MS-DOS 方式，运行 1#软盘上的安装程序 install，然后按屏幕提示操作，即可完成安装过程。TC 2.0 的安装只是一个解压和复制的过程，而不修改系统参数，用户从一台装有 TC 2.0 的计算机上将整个 TC 文件夹复制到自己的计算机上，也能达到在自己的计算机上安装 TC 2.0 的目的。

### 2．系统启动

TC 2.0 是基于 DOS 操作系统的应用程序，因此只能在 DOS 下运行。目前主流的操作系统已经从 DOS 发展到了 Windows，DOS 系统已经很少使用。但是由于 Windows 系列操作系统充分兼容了 DOS 平台的应用软件，因此大部分 DOS 系统下的应用软件可以在 Windows 下运行。TC 2.0 程序也不例外。下面介绍在 Windows 操作系统下 TC 2.0 的启动方法。

首先在 Windows 桌面选择"程序"|"附件"|"命令提示符"选项，进入 MS-DOS 命令提示符界面。在命令提示符下，通过 CD 命令进入 TC 2.0 的安装目录，输入 TC 命令启动 TC 2.0 集成环境。假定 TC 2.0 安装在 C 驱动器的 TC 目录下，则需要输入命令：

```
C:\>CD \TC✓
C:\TC>TC✓
```

进入 TC 2.0 集成开发环境中后，屏幕上显示如图 1-13 所示的主窗口。

图 1-13　TC 2.0 主窗口

### 3．系统退出

退出 TC 2.0 的方法是选择 File|Quit 菜单项，或按【Alt+X】组合键。如果在退出 TC 2.0 时当

前编辑的文件没有存盘，系统将提示如下信息：

NONAME.C not Saved. Save? Y/N

输入"Y"之后，系统将提示输入文件名和所在的路径。

## 1.2.2　Turbo C 2.0 主窗口的组成

TC 2.0 主窗口的最上一行为 TC 2.0 系统菜单，中间窗口为编辑窗口，下面是信息窗口，最下面一行为状态行。这 4 个窗口构成了 TC 2.0 的主窗口，以后的编程、编译、调试和运行都将在这个主窗口中进行。

### 1．系统菜单

TC 2.0 以系统菜单的形式提供一组与编辑、编译、调试以及运行相关的命令。TC 2.0 提供 8 个主菜单，分别为 File、Edit、Run、Compile、Project、Options、Debug 和 Break/watch。每一个主菜单均由一组菜单项或子菜单构成，每个菜单项都代表一个命令。

主菜单的意义如下。

（1）File 菜单：实现文件操作，包括文件载入、存盘、选择、建立、换名存盘等；实现目录操作，包括列表、改变工作目录；退出系统及调用 DOS。

（2）Edit 菜单：建立、编辑源程序文件。

（3）Run 菜单：控制程序的运行。如果程序已经编译连接好，且 Debug|Source debugging 以及 Options|Compiler|Code generation|OBJ debug information 开关置为 ON，则可以用此菜单初始化调试阶段。

（4）Compile 菜单：编译并生成目标程序与可执行文件。

（5）Project 菜单：允许说明程序中包含哪些文件的管理项目。

（6）Options 菜单：可以选择集成环境任选项（如存储模式、编译时的任选项、诊断及连接任选项）及定义宏；也可以记录 include、output 及 library 文件目录，保存编译任选项和从配置文件加载任选项。

（7）Debug 菜单：检查、修改变量或表达式的值；查看调用栈；查找函数；确定程序编译时是否在源代码中插入调试信息。

（8）Break/watch 菜单：增加、删除、编辑监视表达式，以及设置、清除、执行至断点。

特别要指出的是，除了 Edit 菜单外，每一个菜单都对应一个子菜单，而选择 Edit 菜单后则只是进入编辑器。

进入主菜单有两种方法：一是按【F10】键将光标移动到系统菜单区，通过左、右光标键选择不同的主菜单；还可以同时按下【Alt】键和主菜单的首字母，例如按下【Alt + F】组合键将进入 File 菜单。

选择主菜单后，用户可用【↑】键或【↓】键移动光标选择各菜单项，按【Enter】键则执行所选定的操作。用户也可用子菜单中某一菜单项的第一个大写字母（或醒目颜色字母）直接选择该功能。对于有对应快捷键的菜单项，可直接按其快捷键。若用户要退到主菜单或从下一级菜单退回，则均可按【Esc】键。

### 2．编辑窗口

此窗口为 TC 2.0 的主窗口，在此窗口可以输入、编辑和调试 C 语言程序文件。在编辑状态，闪烁的"_"代表"插入点"，表示当前输入文字将出现的位置。另外，通过改变选中文本的颜色表示选中的文本。

在编辑窗口的顶端有一行提示信息，表明当前光标的位置（如 Line 1 Col 1 代表第一行第一列）、当前的编辑状态和当前的文件名等信息。另外，在程序调试状态下，编辑窗口显示程序代码，此时允许移动光标的位置，但不能编辑文本。

### 3．信息窗口

此窗口为在编译和调试程序时的信息输出窗口。在编译或连接时输出编译或连接结果，在调试程序的情况下，此窗口又称为跟踪窗口，用于显示跟踪表达式或变量的当前值。编辑窗口与信息窗口的切换可以通过按功能键【F6】来实现。

### 4．状态行

状态行为用户提供了最基本的帮助信息以及当前的键盘状态。例如提示按【F1】键可以进入联机帮助，按【F10】键可以进入系统菜单。状态行右端的 NUM 代表键盘上【Num Lock】键的状态，显示 NUM 表示数字小键盘已经打开，否则表示没有打开。状态行右端的 CAPS 代表键盘上【Caps Lock】键的状态，显示 CAPS 表示默认为大写字母输入，否则表示默认为小写字母输入。

## 1.2.3　Turbo C 2.0 环境下 C 程序的运行

下面以具体的实例说明在 TC 2.0 集成环境中运行一个 C 语言程序的操作过程。

### 1．建立或打开 C 程序文件

（1）建立 C 程序文件

① 在每次启动 TC 2.0 后，TC 2.0 系统自动创建文件名为 NONAME.C 的新文件。在编辑窗口内输入程序代码，并保存到磁盘，就可以建立一个 C 语言程序文件。

另外，用户可以在任何时候选择 File|New 菜单项创建一个新文件。

② 按【F10】键，选择主菜单中的 Edit 菜单项，则光标进入编辑区，在编辑区中输入程序。

③ 输入并修改完成后，需要将程序存盘。TC 2.0 为新建立的文件指定一个名称为 NONAME.C 的通用文件名，首次保存文件时需要输入新的文件名，并确定存放文件的目录。可以通过 File 主菜单的 Save 菜单项实现，这时系统显示输入文件名的对话框。

如果希望将当前文件重新命名或将当前的文件保存到其他目录中，需要选择 File|Write to 菜单项，然后按系统提示输入新文件的目录和文件名称。

（2）打开 C 程序文件

选择 File 主菜单中的 Load 菜单项，系统将弹出输入文件名的对话框，直接输入程序文件名，则可以将此文件打开，并将其显示在当前的编辑窗口。另外程序文件名可以是包含文件所在路径的全名或只是文件名，如果只是文件名，系统只是在当前的目录中查找并打开；如果输入的文件名是包含目录的全名，则在指定的目录中查找并打开文件。

如果忘记了具体的文件名，则可以通过输入通配符 "*" 或 "?" 进行查找，其原理与 DOS 系统中文件查找类似。例如，在文件名称处输入 "C:\TC\*.C"，系统显示 TC 目录下所有扩展名为.C 的文件，通过光标键选择需要的文件，按【Enter】键确认即可。

### 2．程序的编译

选择 Compile|Compile to OBJ 菜单项，对程序进行编译，以生成目标文件。如果有错误，则在屏幕上显示该程序在编译过程中出现的错误。

如图 1-14 是对一个 C 程序进行编译后的窗口。有 1 个警告信息（Warning）、1 个错误信息（Error），需要回到编辑状态进行修改。

图 1-14　编译结果窗口

按【Enter】键，则回到编辑器中，出现如图 1-15 所示的窗口，有一亮条出现在第 7 行，信息窗口第 2 行错误提示：第 7 行缺少分号。按【Enter】键，此亮条消失。为了"造"出一个错误，去掉了 z=x+y 语句后面的分号，所以出错。信息窗口第 3 行警告提示：z 赋的值从未被使用，这是一个警告信息，不影响编译。修改后再重新编译，直到不出错为止。

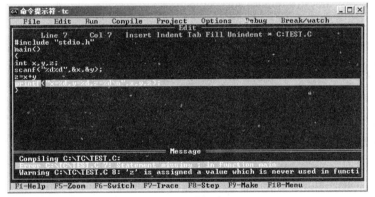

图 1-15　编辑窗口

**注意**：信息窗口的提示为修改错误提供了线索，但对错误的定性和定位并不绝对准确。

### 3．程序的连接

选择 Compile|Link EXE file 菜单项，将上面形成的.obj 文件和库文件进行连接，以生成可执行文件。在把目标文件与库文件连接时，若发现程序中有错误存在，需要返回编辑器进行修改，修改后再重新编译、连接，直到没有错误为止。

也可以选择 Compile|Make EXE file 命令一次完成编译和连接过程，如中途遇到错误也需按上述方法处理。

### 4．程序的运行

选择 Run|Run 菜单项，运行可执行文件。也可直接按【Ctrl+F9】组合键一次完成程序的运行。如中途遇到错误也需按上述方法处理。

选择 Run|User screen 菜单项或按【Alt+F5】组合键，进入用户屏幕观察输出结果。如果结果不对，仍然需要返回去修改。

注意：当程序进入死循环时，可通过按【Ctrl+Break】组合键退出程序运行状态。

## 1.2.4 系统设置

### 1. 当前工作目录设置

工作目录指 TC 2.0 用来存储输出结果文件的目录。编辑的源程序文件、OBJ 文件和 EXE 文件等均存储于此目录。

当用户进入 TC 集成开发环境后，当前目录可能不是用户所需的目录，这时需用户自己设置当前目录。其方法是：按【F10】键进入主菜单，然后选择 File|Change dir 菜单项，屏幕上显示 New Directory 对话框，其中显示的是默认的当前目录。用户可在此对话框中输入所需要的目录，则该新目录将成为当前目录。

注意：新目录应该是已经建好的目录，如果输入的目录不存在，则屏幕会显示错误信息：
Path not found. Press ESC.

### 2. 环境设置

若用户对环境的默认设置不满意或默认设置不符合要求时，则在编辑、编译及调试 C 语言程序之前，可对 TC 2.0 的工作环境进行设置。设置操作均在 Options 主菜单中进行。这些设置将影响到程序的编译、连接、库、包含目录等。

设置参数保存在配置文件 TCCONFIG.TC 中。配置文件是包含 TC 2.0 有关信息的文件，主要包括编译、连接的选择和路径等信息。

配置文件分为两种类型：一种用于 TCC.EXE（命令行 Turbo C）；另一种用于 TC.EXE（Turbo C 集成环境）。用于前者的名字必须是 TURBOC.CFG，可用一般的编辑工具建立和修改；用于后者的可以用任何文件名，TCCONFIG.TC 是默认的集成环境配置文件。

用户可以用下面的方法建立 TC 2.0 的配置文件：

（1）建立用户自己命名的配置文件

若将 Options|Environment|Config auto save 设置为 ON，则退出集成开发环境时，当前集成环境的设置会被自动保存到 TC 2.0 配置文件 TCCONFIG.TC 中。每次 Turbo C 启动时都会自动寻找这个默认的配置文件。

（2）在集成环境中将各参数设置好以后，选择 Options|Save options 菜单项将其存于一个配置文件中，如 newconfig.tc，下次启动 TC 时输入"TC/newconfig✓"，或选择 Options|Retrieve options 菜单项将其临时载入。

（3）用户可用 TCINST 设置 Turbo C 集成环境的有关配置，并将结果存入 TC.EXE 中。TC 2.0 启动时，若没有找到配置文件，则取 TC.EXE 中的默认值。

配置文件存储于当前工作目录或 TC.EXE 所在的目录。

### 3. 项目管理

在软件开发过程中，往往把一个大的任务分解为一些小的功能模块，由不同的人完成不同的

模块，对这些功能模块分别进行编辑、编译和调试，然后再把它们连接成一个完整的可执行程序。为了管理此开发过程，TC 2.0 引入了项目管理。项目管理的第一步是指定项目名称。在 Project 菜单中提供了 Project name 命令，用来指定项目名称。项目的扩展名为.prj，其中包括将要编译、连接的文件名。例如有一个程序由 file1.c、file2.c、file3.c 组成，要将这 3 个文件编译装配成一个 file.exe 的执行文件，可以先建立一个名为 file.prj 的项目文件。此文件为简单的文本文件，可以通过选择 File|New 菜单项来实现，只是在保存的时候，选择 Write to 菜单项将文件命名为 file.prj。其内容如下：

```
file1.c
file2.c
file3.c
```

选择 Project name 菜单项，此时在 Project name 文本框中，输入 file.prj，以后进行编译时将自动对项目文件中规定的 3 个源文件分别进行编译，然后连接成 file.exe 文件。

如果其中有些文件已经编译成.obj 文件，而又没有修改过，则可直接写上.obj 扩展名。此时将不再编译而只进行连接。例如：

```
file1.obj
file2.c
file3.c
```

将不对 file1.c 进行编译，而直接连接。

需要补充说明的是，当项目文件中的文件无扩展名时，均按源文件对待。另外，其中的文件也可以是库文件，但必须写上扩展名.lib。

当开始进行新的项目时，需要使用 Project|Clear project 菜单项清除项目文件名。

### 1.2.5　Turbo C++ 3.0 与 Turbo C 2.0 的区别

Turbo C++ 3.0（简称 TC 3.0）继承并发展了 TC 2.0 集成开发环境，它的安装过程、启动方式、各功能操作方式和人机界面方面绝大部分与 TC 2.0 相同或相似，一个显著的改进就是 TC 3.0 支持 C++。下面介绍 TC 3.0 和 TC 2.0 的主要区别。

#### 1．菜单栏的变化

TC 3.0 菜单栏增加了 Search、Window 和 Help 菜单项。取消了 Break/watch 菜单项，将它的功能移到 Debug 菜单项和 Window 菜单项之中。TC 2.0 的查找替换功能只能由编辑命令键操作完成，现在也可用 Search 菜单实现。TC 3.0 的主窗口如图 1-16 所示。

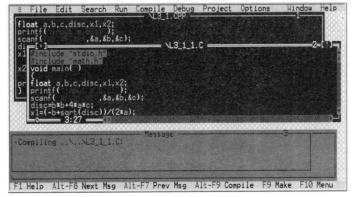

图 1-16　TC 3.0 的主窗口

有的菜单项在 TC 3.0 中换了位置，如 Run|User screen 变为 Window|User screen。少数菜单项被撤销了，如 File|Pick。也有功能相同但改名的，如 File|Write to 变为 File|Save as。还增加了部分菜单项，以 Options 菜单中增加的内容最多，如 Options|Compiler|C++ options 用来设置如何编译 C++源文件的有关选项。Project 菜单的变化也较大。

### 2. 操作方式的变化

TC 3.0 中可用鼠标，移动光标和选取菜单较灵活，但在 DOS 中首先必须运行鼠标驱动程序，在 Windows 系统中则可直接使用。

### 3. 多窗口操作

启动 TC 3.0 后，可建立或打开多个源程序文件进行编辑和调试，可打开多个编辑窗口，在各编辑窗口中编辑不同的文件。编辑窗口的大小调整、移动、排列和关闭等操作可用鼠标或用 Windows 菜单的有关菜单项实现。建议每新建一个文件就起一个名字，以便于查找编辑窗口。

注意：当要运行和调试某编辑窗口中的程序时，除了要将该编辑窗口设为当前活动编辑窗口外，还必须重新编译和连接一次，否则可能运行的是其他编辑窗口中的程序。

### 4. 安装目录和文件的变化

TC 3.0 安装后子目录和文件有所增加，如增加了包含类库文件的目录 CLASSLIB、包含绘图文件的目录 BGI、包含例子文件的目录 EXAMPLES，增加的 BIN 目录下包含所有其他文件，如新增的用于显示 EXE、OBJ 和 LIB 文件内容信息的 TDUMP 实用程序。

### 5. 语言功能的变化

TC 3.0 要求，当函数不包含 return 语句时，则定义函数时要指明函数的类型为 void，否则编译时会出现警告（Function should return a value）。因此，程序中，一般要在主函数 main()的前面加类型符 void，而 TC 2.0 则允许默认 void。

### 6. 内存管理方面的变化

TC 3.0 在管理工作内存方面较 TC 2.0 有较大改善。TC 2.0 在编译或连接程序过程中经常出现内存不足的问题（Out of memory），一方面与 DOS 的内存管理方式有关，另一方面与 TC 2.0 使用的内存方式有关。然而，TC 3.0 在编译或连接程序过程中出现内存不足时，如内存无法容纳生成的中间结果，可以在指定的磁盘上建立交换文件（Swap file）作为缓冲区，也可以使用扩展内存（Extend memory）或扩充内存（Expand memory）来克服常规内存不足的问题。

# 第 **2** 章　实验要求与实验项目

　　学习 C 语言程序设计，上机实验是十分重要的环节。通过实验，可以加深理解、巩固课堂教学内容，更好地熟悉 C 的语法规则，掌握 C 程序设计的方法，培养较强的应用开发能力。此外，在实际软件开发过程中，程序调试是十分重要的方面，因为程序出错是难免的，而且随着应用程序代码量的增加，出现错误的机会也会增多。为了发现和改正程序中的错误，各种 C 编译系统都提供了调试工具，利用这些工具，可以方便地发现程序中的错误。

　　为了方便读者上机练习，本章设计了 14 个实验。每个实验安排 2 机时左右。读者也可以根据实际情况从每个实验中选择部分内容作为上机练习。另外，各实验后面的实验思考题也可以作为实验内容的补充。

　　为了达到理想的实验效果，读者务必做到：

　　（1）实验前认真准备，要根据实验目的和实验内容，复习好实验中可能要用到的知识，想好编程的思路，做到胸有成竹，提高上机效率。

　　（2）实验过程中积极思考，要深入分析程序的执行结果以及各种屏幕信息的含义、出现的原因并提出解决办法。例如，当出现语法错误时，要分析错误原因并进行修改。如果无语法错误，则要使用数据对程序进行测试，分析其输出结果是否与预期的结果相符，如果不符，应检查程序有无逻辑错误，算法是否合理，并将发现的错误逐个改正。

　　（3）实验后认真总结，要总结本次实验有哪些收获，还存在哪些问题，并写出实验报告。实验报告应包括实验目的、实验内容、流程图、程序清单、运行结果以及实验的收获与体会等内容。

　　程序设计和应用开发能力的提高，需要不断的上机实践和长期的积累。在上机过程中会碰到各种各样的问题，分析问题和解决问题的过程就是经验积累的过程。只要读者按照上面 3 点要求去做，在学完本课程后就一定会有很大的收获，计算机应用能力就会有很大提高。

## 实验 1　C 程序设计基础

### 一、实验目的

　　1. 熟悉 VC 6.0 集成开发环境的使用方法。

2. 熟悉 C 语言程序从编辑、编译、连接到运行并得到运行结果的过程。

3. 掌握 C 语言程序的结构特征与书写规则。

## 二、实验准备

1. 阅读 1.1 节 "Visual C++ 6.0 集成开发环境"。了解在 VC 6.0 环境下运行 C 语言程序的基本操作步骤，熟悉 VC 6.0 的操作界面。

2. 复习 C 语言程序基本结构与书写规则的有关内容。

## 三、实验内容

1. 输入下列程序，练习 VC 6.0 下程序的编辑、编译、连接和运行。

```
#include <stdio.h>
void main()
{
  printf("This ia the first C program!\n");
}
```

操作步骤:

按照 1.1.3 节的操作步骤完成该程序的编辑、编译、连接和运行。

2. 阅读程序，分析其运行结果并上机验证。去掉程序中的注释标志后，重新运行程序，分析结果的差异。

```
#include <stdio.h>
void main()
{
  /* printf("    *\n"); */
  printf("   ***\n");
  printf("  *****\n");
  printf(" *******\n");
}
```

3. 下面是一个加法程序，程序运行时等待用户从键盘输入两个整数，然后求出它们的和并将其输出。观察运行结果，上机验证该程序。

```
#include <stdio.h>
void main()
{
  int a,b,c;
  printf("Please input a,b:");
  scanf("%d%d",&a,&b);               /* 注意，输入数据时，数据间用空格分隔 */
  c=a+b;
  printf("%d+%d=%d\n",a,b,c);
}
```

4. 下面的程序中定义了一个函数，用来求 3 个数的平均数，在主程序中调用该函数。上机验证该程序。

```
#include <stdio.h>
float ave(float y1,float y2,float y3)
{
  float y;
```

```
    y=(y1+y2+y3)/3;
    return y;
}
void main()
{
    float x,y,z,a;
    scanf("%f,%f,%f",&x,&y,&z);      /* 注意，输入数据时，数据间用逗号分隔 */
    a=ave(x,y,z);
    printf("%f\n",a);
}
```

5. 运行下列程序并分析出现的信息提示。

```
#include <stdio.h>
void main()
{
    int i=23,s;
    s=i+j;
    printf("s=%d\n",s);
}
```

## 四、实验思考

1. 输入并运行下面的程序。

```
#include <stdio.h>
void main()
{
    char c,h;
    int i,j;
    c='a';
    h='b';
    i=97;
    j=98;
    printf("%c%c%c%c\n",c,h,i,j);
    printf("%d%d%d%d\n",c,h,i,j);
}
```

2. 分析程序，并上机验证运行结果。

```
#include <stdio.h>
void main()
{
    printf("Testing...\n..1\n...2\n....3\n");
}
```

3. 分析程序，并上机验证运行结果。

```
#include <stdio.h>
void main()
{
    int sum;
    sum=50+25;
    printf("The sum of 50 and 25 is %d\n",sum);
}
```

# 实验 2　基本数据类型与运算

## 一、实验目的

1. 掌握 C 语言基本数据类型（整型、实型和字符型）以及各种常量的表示方法、变量的定义和使用规则。

2. 掌握 C 语言的算术运算、逗号运算的运算规则与表达式的书写方法。

3. 掌握不同类型数据运算时数据类型的转换规则。

4. 进一步熟悉 C 程序的编辑、编译、连接和运行的过程。

## 二、实验准备

1. 复习数据类型和运算符的有关概念、各运算符的优先级和结合规则。重点复习除法（/）、求余（%）、自增（++）、自减（--）、逗号等运算的运算规则。

2. 复习各种类型常量的表示方法以及变量的概念与命名规则。

3. 了解下列标识符的含义：int、short int、long int、unsigned int、float、double、long double、char、unsigned char、void。

## 三、实验内容

1. 给出以下程序，测试整型、字符型数据的各种表示形式，并上机验证。

```c
#include <stdio.h>
void main()
{
  int x=010,y=10,z=0x10;                    /* 整型数据表示 */
  char c1='M',c2='\x4d',c3='\115',c4=77,c;  /* 字符型数据表示 */
  printf("x=%o,y=%d,z=%x\n",x,y,z);
  printf("x=%d,y=%d,z=%d\n",x,y,z);
  printf("c1=%c,c2=%c,c3=%c,c4=%c\n",c1,c2,c3,c4);
  printf("c1=%d,c2=%d,c3=%d,c4=%d\n",c1,c2,c3,c4);
  c=c1+32;
  printf("c=%c,c=%d\n",c,c);
}
```

2. 给出以下程序，判断它们的输出并上机验证。

（1）
```c
#include <stdio.h>
void main()
{
  int a=6,b=13;
  printf("%d\n",(a+1,b+a,b+10));
}
```

（2）
```c
#include <stdio.h>
void main()
{
  int a=6,b=13;
  printf("%d\n",a+1,a+b,b+10);
}
```

3．分析程序运行结果，并上机验证。

（1）
```c
#include <stdio.h>
void main()
{
    printf("\t*\n");
    printf("\t\b***\n");
    printf("\t\b\b*****\n");
}
```

（2）
```c
#include <stdio.h>
void main()
{
    int a=10,x=8,y=11;
    x=y++;
    y=--x;
    a=x+++y;
    printf("%d,%d,%d\n",a,x,y);
}
```

（3）
```c
#include <stdio.h>
void main()
{
    int m=18,n=3;
    float a=27.6,b=5.8,x;
    x=m/2+n*a/b+1/4;
    printf("%f\n",x);
}
```

4．改正以下程序的错误，并上机调试运行。

（1）输入一个角的度数，输出其正弦函数值。

```c
#include <stdio.h>
#include <math.h>
void main()
{
    long d;
    double  x;
    scanf("%d",&d);
    x=SIN(d*pi/180.0);
    printf("sin(%d)=%f\n",d,x);
}
```

（2）输入一个华氏温度，求其对应的摄氏温度。

```c
#include <stdio.h>
void main()
{
    double  F,c;
    scanf("%f",&F);
    c=5/9*(F-32);
    printf("F=%f,c=%f\n",F,c);
}
```

（3）已知物品的单价，根据数量 x 的值求其总金额。

```c
#include <stdio.h>
#define PRICE 30
void main()
{
  float x=5;
  PRICE=PRICE*x;
  printf("%f %f",x,PRICE);
}
```

## 四、实验思考

1. 分析程序，写出运行结果，并上机验证。

```c
#include <stdio.h>
void main()
{
  char cl='a',c2='b',c3='c',c4='\101',c5=101;
  printf("a%c b%c\tc%c\tabc\n",cl,c2,c3);
  printf("\t\b%c%c",c4,c5);
  c4=65535;
  c5=-1.2345;
  printf("%d%d",c4,c5);
}
```

2. 分析程序，写出运行结果，并上机验证。

```c
#include <stdio.h>
void main()
{
  int i=3,j=5,k,l,m=19,n=-56;
  k=++i;
  l=j++;
  m+=i++;
  n-=--j;
  printf("%d,%d,%d,%d,%d,%d\n",i,j,k,l,m,n);
}
```

3. 已知：a=2，b=3，x=3.9，y=2.3（a、b 为整型，x、y 为浮点型），求算术表达式 (float)(a+b)/2+(int)x%(int)y 的值，并上机验证。

4. 已知：a=7，x=2.5，y=4.7（a 为整型，x、y 为浮点型），求算术表达式 x+a%3*(int)(x+y)%2/4 的值，并上机验证。

# 实验 3 顺序结构程序设计

## 一、实验目的

1. 掌握 C 语言的赋值运算和赋值语句。
2. 掌握基本输入输出函数的使用。
3. 掌握顺序结构程序设计方法。

## 二、实验准备

1. 复习赋值运算与赋值语句。

2. 复习输入输出函数各种格式符的含义与使用规则。

3. 复习程序设计的基本步骤。

## 三、实验内容

1. 当输入是 8.5、2.5、5 时，分析程序运行结果，并上机验证。

程序如下：

```
#include <stdio.h>
void main()
{
  float x,y;
  int z;
  scanf("%f,%f,%d",&x,&x,&z);
  y=x-z%2*(int)(x+17)%4/2;
  printf("x=%f,y=%f,z=%d\n",x,y,z);
}
```

2. 根据商品原价和折扣率，计算商品的实际售价。

程序如下：

```
#include <stdio.h>
void main()
{
  float price,discount,fee;
  printf("Input Price,Discount:");
  scanf("%f%f",&price,&discount);
  fee=price*(1-discount/100);
  printf("Fee=%.2f\n",fee);
}
```

3. 求 $y=\dfrac{\sin(\sqrt{ax})+\ln(a+x)}{\mathrm{e}^{ax}\cos(\sqrt{a+x})}$，要求 $a$ 和 $x$ 从键盘输入。

程序如下：

```
#include <stdio.h>
#include <math.h>
void main()
{
  double a,x,y;
  scanf("%lf%lf",&a,&x);
  y=(sin(sqrt(a*x))+log(a+x))/(exp(a*x)*cos(sqrt(a+x)));
  printf("y=%lf\n",y);
}
```

4. 根据圆柱体的半径和高，计算底面圆周长、底面圆面积、圆柱体表面积和圆柱体体积。要求输出时小数点后保留两位，第 3 位进行四舍五入处理。

程序如下：

```
#include <stdio.h>
```

```
void main()
{
  float r,h,pi=3.1415926;
  float c0,s0,s,v;
  printf("Input r,h(m):");
  scanf("%f,%f",&r,&h);
  c0=2*pi*r;
  s0=pi*r*r;
  s=c0*h+2*s0;
  v=pi*r*r*h;
  printf("c0=%.2f(m)\ns0=%.2f(m2)\ns=%.2f(m2)\nv=%.2f(m3)\n",c0,s0,s,v);
}
```

5. 填空题

（1）以下程序输入 3 个整数值给 a、b、c，程序把 b 中的值给 a，把 c 中的值给 b，把 a 中的值给 c，交换后输出 a、b、c 的值。例如，输入 a=10，b=20，c=30，交换后 a=20，b=30，c=10。

```
#include <stdio.h>
void main()
{
  int a,b,c,_____;
  printf("Enter a,b,c: ");
  scanf("%d%d%d",_____);
  _____;
  printf("%d,%d,%d",a,b,c);
}
```

（2）以下程序输入一个大写字母，要求输出对应的小写字母。

```
#include <stdio.h>
void main()
{
  char upperc,lowerc;
  upperc=_____;
  lowerc=_____;
  printf("大写字母"); putchar(upperc);
  printf("小写字母"); putchar(lowerc); putchar('\n');
}
```

# 四、实验思考

1. 已知 $y=\mathrm{e}^{\frac{\pi}{2}x}+\ln|\sin^2 x-\sin x^2|$，其中 $x=\sqrt{1+\tan 52°}$，求 $y$ 的值。

2. 求以 $a$、$b$、$c$ 为边长的三角形的面积 $s$。$s=\sqrt{p(p-a)(p-b)(p-c)}$，其中 $p=\dfrac{a+b+c}{2}$。

3. 输入一个 3 位正整数，求各位数字的立方和。

4. 输入两个整数 $a$ 和 $b$，求 $a$ 除以 $b$ 的商和余数，编写程序并按如下形式输出结果（设 $a$=1500，$b$=350，□表示空格）。

a=□1500, b=□350
a/b=□□4, □a□mod□b=□100

# 实验 4　选择结构程序设计

## 一、实验目的

1. 掌握关系表达式和逻辑表达式的运算规则与书写方法。
2. 掌握 if 语句和 switch 语句的使用方法。
3. 熟悉选择结构程序设计的方法。

## 二、实验准备

1. 理解 C 语言表示逻辑量的方法。
2. 复习关系表达式和逻辑表达式的书写规则。
3. 复习 if 语句、switch 语句的语句格式与执行过程。

## 三、实验内容

1. 判断用户键入的数是奇数还是偶数，然后在屏幕上显示出相应的信息。

程序如下：

```
#include <stdio.h>
void main()
{
  int number_to_test,remainder;
  printf("Enter your number to be tested.\n");
  scanf("%d",&number_to_test);
  remainder=number_to_test%2;
  if (remainder==0)
    printf("The number is even.\n");
  if (remainder!=0)
    printf("The number is odd.\n");
}
```

在选择结构程序的运行中，要输入各种数据，使程序的每一个分支都被执行到，这样才能验证程序的正确性。

2. 要求用户从键盘输入一个年号，然后由程序判定其是否是闰年。

程序如下：

```
#include <stdio.h>
void main()
{
  int year,rem_4,rem_100,rem_400;
  printf("Enter the year to be tested.\n");
  scanf("%d",&year);
  rem_4=year%4;
  rem_100=year%100;
  rem_400=year%400;
  if ((rem_4==0&&rem_100!=0)||rem_400==0)
    printf("It's a leap year.\n");
  else
```

```
    printf("It's not a leap year.\n");
}
```

3. 从键盘输入一个字符，把它归类为字母字符（a~z 或 A~Z）、数字字符（0~9）或其他字符。

程序如下：

```
#include <stdio.h>
void main()
{
  char c;
  printf("Enter a single character: \n");
  scanf("%c",&c);
  if ((c>='a'&&c<='z')||(c>='A'&&c<='Z'))
    printf("It's an alphbaetic character.\n");
  else if (c>='0'&&c<='9')
    printf("It's a digit.\n");
  else
    printf("It's a special character.\n");
}
```

4. 以下程序的运行结果是什么？

程序如下：

```
#include <stdio.h>
void main()
{
  int i,j,k,a=3,b=2;
  i=(--a==b++)?--a:++b;
  j=a++;
  k=b;
  printf("i=%d,j=%d,k=%d\n",i,j,k);
}
```

5. 分析程序运行结果，并上机验证。

程序如下：

```
#include <stdio.h>
void main()
{
  int i;
  scanf("%d",&i);
  switch(i)
  {
    case 1:
    case 2:putchar('i');
    case 3:printf("%d\n",i);
    break;
    default:printf("Good!\n");
  }
}
```

运行 5 次，分别输入：1，2，3，4，8。

6. 随机产生 1~7 之间的整数，输出相应星期的英文表示。

程序如下：

```
#include <stdio.h>
#include <stdlib.h>
```

```
#include <time.h>
void main()
{
  int week;
  srand((unsigned)time(NULL));          /* 设置随机数的起点 */
  week=rand()%7;
  switch(week)
  {
    case 1:printf("Mon.\n"); break;
    case 2:printf("Tue.\n"); break;
    case 3:printf("Wed.\n"); break;
    case 4:printf("Tur.\n"); break;
    case 5:printf("Fri.\n"); break;
    case 6:printf("Sat.\n"); break;
    case 7:printf("Sun.\n"); break;
    default:printf("The input is wrong!\n");
  }
}
```

7. 给出以下程序，用来输入 4 个整数，并按大小顺序输出。将程序补充完整。

程序如下：

```
#include <stdio.h>
void main()
{
  int a,b,c,d,t;
  scanf("%d,%d,%d,%d",&a,&b,&c,&d);
  if (a<b)
    {t=a; a=b; b=t;}
    ……                              /*请补充程序*/
  printf("%d,%d,%d,%d",a,b,c,d);
}
```

## 四、实验思考

1. 输入两个字符，若这两个字符的 ASCII 码之差为偶数，则输出它们的后继字符，否则输出它们的前驱字符。

2. 输入某个点 A 的平面坐标 $(x,y)$，判断点 A 是在圆内、圆外还是在圆周上，其中圆心坐标为(2,2)，圆的半径为 1。

3. 求分段函数的值。

$$y = \begin{cases} \sin(x+1) & -15 < x < 0 \\ \ln(x^2+1) & 0 \leqslant x < 10 \\ \sqrt[3]{x} & 15 < x < 20 \\ x^3 & \text{其他} \end{cases}$$

4. 输入 3 个实数，判断能否以它们为边长构成三角形，若能，再说明是何种三角形（等边三角形、等腰三角形、直角三角形或一般三角形）。

5. 如果一个三位数的各位数字之立方和等于该数本身，则称为水仙花数，如 $153=1^3+5^3+3^3$，所以 153 是水仙花数。判断从键盘输入的数是否为水仙花数。

6. 给出一个百分制成绩，要求输出成绩等级 A、B、C、D、E。90 分以上为 A，80～89 分为 B，70～79 分为 C，60～69 分为 D，60 分以下为 E。当输入数据大于 100 或小于 0 时，通知用户"输入数据出错"，程序结束。

要求分别用 if 语句和 switch 语句实现。

7. 给定一个不多于 3 位的正整数。

（1）求出它是几位数。

（2）分别输出每一位数字。

（3）按反序输出每位数字，如原数是 321，则应输出 123。

8. 与日历有关的问题。

（1）输入年、月，求该月的天数。

（2）给出年、月、日，计算出该日是该年的第几天。

（3）2008 年元旦是星期二，问 2008 年 8 月 8 日是星期几。

# 实验 5  循环结构程序设计

## 一、实验目的

1. 掌握循环语句 while、do...while 和 for 语句的使用方法。
2. 熟悉循环结构程序设计的方法。
3. 掌握常用算法，例如穷举法、迭代法和递推法等。
4. 熟悉程序的跟踪调试技术。

## 二、实验准备

1. 复习 while、do...while、for 语句和 continue、break 语句的语句格式和执行过程。
2. 总结常用算法的设计方法和思路。
3. 阅读第 4 章"程序测试与调试"。了解程序的调试方法。

## 三、实验内容

1. 阅读下列程序，分析其输出结果，并上机验证。

（1）
```
#include <stdio.h>
#define M 100
void main()
{
  int i=0,sum=0;
  do
  {
    if (i==i/5*5) continue;
    sum+=i;
  }while(++i<M);
```

```
      printf("%d\n",sum);
    }
```

（2）
```
#include <stdio.h>
#include <math.h>
void main()
{
  int i,n;
  for(i=2;i<=50;i++)
  {
    for(n=2;n<=(int)sqrt(i);n++)
      if (i%n==0) break;
    if (n==(int)sqrt(i)+1) printf("%d, ",i);
  }
}
```

（3）
```
#include <stdio.h>
void main()
{
  int i;
  char c;
  for(i=0;i<=5;i++)
  {
    c=getchar();
    putchar(c);
  }
}
```

程序执行时从第一列开始输入以下数据：

x✓
y✓
dcba✓

（4）
```
#include <stdio.h>
void main()
{
  int i,j,x=0;
  for(i=0;i<2;i++)
  {
    x++;
    for(j=0;j<3;j++)
    {
      if (j%2) continue;
      x++;
    }
    x++;
  }
  printf("i=%d,x=%d\n",i,x);
}
```

2. 求 $s = \sum\limits_{n=1}^{25} n!$。

程序如下：

```
#include <stdio.h>
void main()
{
  float n,s=0,t=1;
  for(n=1;n<=25;n++)
  {
    t=t*n;
    s=s+t;
  }
  printf("1!+2!+3!+ …+25!=%e\n",s);
}
```

3. 从键盘输入若干学生的成绩（输入负数时结束），输出平均成绩和最高分。

程序如下：

```
#include <stdio.h>
void main()
{
  int n=0;
  float s,a,sum=0,max=0;
  scanf("%f",&s);
  while(s>=0)
  {
    if (s>max) max=s;
      sum+=s;
      n=n+1;
    scanf("%f",&s);
  }
  a=sum/n;
  printf("max=%f,a=%f\n",max,a);
}
```

4. 有一堆零件（总数在 100～200 个之间），如果以 4 个零件为一组进行分组，则多 2 个零件；如果以 7 个零件为一组进行分组，则多 3 个零件；如果以 9 个零件为一组进行分组，则多 5 个零件。求这堆零件的总数。

分析：用穷举法求解。即零件总数 $x$ 从 100～200 循环试探，如果满足所有几个分组已知条件，那么此时的 $x$ 就是一个解。分组后多几个零件这种条件可以用求余运算获得条件表达式。

程序如下：

```
#include <stdio.h>
void main()
{
  int x,count=0;
  for(x=100;x<=200;x++)
```

```
     if (x%4==2&&x%7==3&&x%9==5)
     {
        count++;
        printf("x=%d\n",x);
     }
   if (count==0) printf("No answer!\n");
}
```

5. 对从键盘上输入的行、单词和字符进行计数统计。将单词的定义进行化简，认为单词是不包含空格、制表符"\t"及换行符的字符序列。例如，"a+b+c"是 1 个单词，它由 5 个字符组成。又如"xy abc"为 2 个单词，6 个字符。当输入"？"时表示输入结束，停止计数。

分析：程序的关键是怎样判断一个单词。由单词的定义知它是用空格、制表符或换行符分隔开的，如果两个字符之间没有空格、制表符或换行符，则认为是一个单词中的两个字符。

程序如下：

```
#define YES 1
#define NO 0
#include <stdio.h>
main( )
{
  int c,nl,nc,nw,inword;
  inword=NO;            /* inword=NO 表示已处理的最后一个字符是空格、\t 或\n */
  nl=nc=nw=0;                     /* 行、字符、单词计数器置 0 */
  while((c=getchar())!='?')
  {
   ++nc;                          /* 进行字符计数 */
   if (c=='\n') ++nl;             /* 进行行计数 */
     if (c=='\t'||c=='\n'||c==' ')
       inword=NO;     /* 如果读入的字符是空格、\t 或\n，则置 inword 为 NO */
     else                         /* 读入的字符不是空格、\t 或\n */
       if (inword==NO)            /* 如果前一个字符是空格、\t 或\n */
       {
         inword=YES; ·            /* 则读入的字符为一个单词的第一个字符 */
         ++nw;                    /* 置 inword 为 YES，进行单词计数 */
       }
  }
  printf("Lines=%d\nWords=%d\nChars=%d\n",nl,nw,nc);
}
```

## 四、实验思考

1. 求 $\displaystyle\sum_{1}^{100} k + \sum_{1}^{50} k^2$。

2. 利用 $\dfrac{\pi}{4}=1-\dfrac{1}{3}+\dfrac{1}{5}-\dfrac{1}{7}+\cdots$，求 $\pi$ 的近似值，直到最后一项的绝对值小于 $10^{-6}$ 为止。

3. [1,100]间有奇数个不同因子的整数共多少个？其中最大的一个是什么数。

4. 设 abcd×e=dcba（a 非 0，e 非 0 非 1），求满足条件的 abcd 与 e。

5. 已知

$$f = \begin{cases} 1 & n=1 \\ 2 & n=2 \\ 3 & n=3 \\ 3f_{n-3}+2f_{n-2}+f_{n-1} & n>3 \end{cases}$$

求小于 5 000 000 的最大项及对应的 $n$。

6. 一种体育彩票采用整数 1、2、3、…、36 表示 36 种体育运动，一张彩票可选择 7 种运动。编写程序，选择一张彩票的号码，使得这张彩票的 7 个号码之和是 105 且相邻两个号码之差按顺序依次是 1、2、3、4、5、6（即如果第一个号码是 1，则后续号码应是 2、4、7、11、16、22）。

# 实验 6   结构化程序设计的应用

## 一、实验目的

1. 掌握累加求和问题的算法。
2. 掌握根据整数的一些性质求解数字问题的算法。
3. 掌握数值积分的算法（矩形法、梯形法）。
4. 掌握求解一元方程根的多种算法（迭代法、二分法）。

## 二、实验准备

阅读第 3 章"常用算法设计方法"。注意总结各种算法的设计思路以及结构化程序设计的基本方法。

## 三、实验内容

1. 当 $x=0.5$ 时计算下述级数和的近似值，使其误差小于某一指定的值 $\varepsilon$（例如 $\varepsilon=10^{-6}$）。

$$y = x - \frac{x^3}{3\times 1!} + \frac{x^5}{5\times 2!} - \frac{x^7}{7\times 3!} + \cdots$$

程序如下：

```
#define E 0.000001
#include <stdio.h>
#include <math.h>
void main()
{
  int i,k=1;
  float x,y,t=1,s,r=1;
  printf("Please enter x=");
  scanf("%f",&x);
  for(s=x,y=x,i=2;fabs(r)>E;i++)
  {
    t=t*(i-1);
    s=s*x*x;
    k=k*(-1);
```

```
      r=k*s/t/(2*i-1);
      y=y+r;
    }
    printf("y=%f\n",y);
}
```

2. 将一个正整数分解质因数。例如，输入 90，输出 90=2*3*3*5。

分析：对 n 进行分解质因数，应先找到一个最小的质数 k，然后按下述步骤完成：

（1）如果这个质数恰等于 n，则说明分解质因数的过程已经结束，输出即可。

（2）如果 n≠k，但 n 能被 k 整除，则应输出 k 的值，并用 n 除以 k 的商，作为新的正整数 n，重复执行第（1）步。

（3）如果 n 不能被 k 整除，则用 k+1 作为 k 的值，重复执行第（1）步。

程序如下：

```
#include <stdio.h>
void main()
{
  int n,i;
  printf("please input a number:");
  scanf("%d",&n);
  printf("%d=",n);
  for(i=2;i<=n;i++)
  {
    while(n!=i)
    {
      if (n%i==0)
      {
        printf("%d*",i);
        n=n/i;
      }
      else
        break;
    }
  }
  printf("%d",n);
}
```

3. 有 1、2、3、4 四个数字，能组成多少个互不相同且无重复数字的三位数？各是多少？

分析：可填在百位、十位、个位的数字都是 1、2、3、4。组成所有的排列后再去掉不满足条件的排列。

程序如下：

```
#include <stdio.h>
void main()
{
  int i,j,k;
  for(i=1;i<5;i++)
    for(j=1;j<5;j++)
      for(k=1;k<5;k++)
        if (i!=k&&i!=j&&j!=k)              /*确保 i，j，k 三位互不相同*/
```

```
        printf("%d,%d,%d\n",i,j,k);
    }
```

4. 一个数加上 100 后是一个完全平方数，再加上 168 后还是一个完全平方数，求满足该要求的最小整数。

分析：从 1 开始判断，先将该数加上 100 后再开方，再将该数加上 268 后再开方，如果两次开方后的结果满足完全平方数条件，即是结果，否则判断下一个整数。

程序如下：

```
#include <stdio.h>
#include <math.h>
void main()
{
  long int i,x,y;
  for(i=1; ;i++)
  {
    x=sqrt(i+100);                /*  x 为加上 100 后开方后的结果  */
    y=sqrt(i+268);                /*  y 为再加上 168 后开方后的结果  */
    if (x*x==i+100&&y*y==i+268)
    {
      printf("%ld\n",i);
      break;
    }
  }
}
```

5. 用二分法求一元三次方程 $2x^3-4x^2+3x-6=0$ 在 $(-10,10)$ 区间的根。

分析：二分法的基本原理是，若函数有实根，则函数的曲线应在根这一点上与 $x$ 轴有一个交点，在根附近的左右区间内，函数值的符号应相反。利用这一原理，逐步缩小区间的范围，保持在区间的两个端点处的函数值符号相反，就可以逐步逼近函数的根。

程序如下：

```
#include <stdio.h>
#include <math.h>
void main()
{
  float x0,x1,x2,fx0,fx1,fx2;
  do
  {
    printf("Enter x1,x2:");
    scanf("%f,%f",&x1,&x2);
    fx1=2*x1*x1*x1-4*x1*x1+3*x1-6;    /* 求出 x1 点的函数值 fx1 */
    fx2=2*x2*x2*x2-4*x2*x2+3*x2-6;    /* 求出 x2 点的函数值 fx2 */
  }while (fx1*fx2>0);                 /* 在指定范围内有根，即 fx1 和 fx2 符号相反 */
  do
  {
    x0=(x1+x2)/2;                     /* 取 x1 和 x2 的中点 */
    fx0=2*x0*x0*x0-4*x0*x0+3*x0-6;    /* 求出中点的函数值 fx0 */
    if ((fx0*fx1)<0)                  /* 若 fx0 和 fx1 符号相反 */
    {
      x2=x0;                          /* 则用 x0 点替代 x2 点 */
      fx2=fx0;
```

```
    }
    else
    {
      x1=x0;                          /* 否则用 x0 点替代 x1 点 */
      fx1=fx0;
    }
  }while(fabs((double)fx0)>=1e-5);    /* 判断 x0 点的函数与 x 轴的距离 */
  printf("x=%6.2f\n", x0);
}
```

## 四、实验思考

1. 读入一个整数 $N$，若 $N$ 为非负数，则计算 $N$ 到 $2N$ 之间的整数和；若 $N$ 为一个负数，则求 $2N$ 到 $N$ 之间的整数和。分别利用 for 循环和 while 循环编写程序。

2. 设 $s = 1 + \dfrac{1}{2} + \dfrac{1}{3} + \cdots + \dfrac{1}{n}$，求与 8 最接近的 $s$ 的值及与之对应的 $n$ 值。

3. 已知 $A > B > C$，且 $A+B+C<100$，求满足 $\dfrac{1}{A^2} + \dfrac{1}{B^2} = \dfrac{1}{C^2}$ 的解共有多少组。

4. 编程验证"四方定理"：所有自然数至多只要用 4 个数的平方和就可以表示。

5. 编程验证"角谷猜想"：任给一个自然数，若为偶数则除以 2，若为奇数则乘 3 加 1，得到一个新的自然数，然后按同样的方法继续运算，若干次运算后得到的结果必然为 1。

6. 利用简单迭代求方程 $\cos x - x = 0$ 的一个实根，迭代公式为 $x_{n+1} = \cos x_n$。

# 实验 7　函数和编译预处理

## 一、实验目的

1. 掌握 C 语言中函数的定义和调用方法。
2. 掌握函数实参与形参的对应关系以及值传递的参数结合方式。
3. 学习递归程序设计，掌握递归函数的编写规律。
4. 掌握全局变量和局部变量、动态变量和静态变量的概念和使用方法。
5. 理解宏的概念，掌握宏定义。了解文件包含的概念，掌握其用法。

## 二、实验准备

1. 复习函数的概念、定义格式、声明格式、调用规则及调用过程中参数传递方法。
2. 复习函数的递归调用和递归程序设计方法。
3. 复习宏定义和文件包含等编译预处理命令。

## 三、实验内容

1. 写出程序的输出结果，然后上机验证。

（1）
```
#include <stdio.h>
    static int x=20;
```

```
    void f1(int x)
    {
      x+=10;
      printf("%d…f1()\n" , x);
    }
    f2()
    {
      x+=10;
      printf("%d…f2()\n",x);
    }
    void main()
    {
      int x=10;
      f1(x);
      f2();
      printf("%d…main()\n",x);
    }
```

（2）
```
#include <stdio.h>
    void main()
    {
      int i;
      void f(int);
      for(i=1;i<=4; i++)
      f(i);
      f(i);
    }
    void f(int j)
    {
      static int a=10;
      int b=1;
      b++;
      printf("%d+%d+%d=%d\n",a,b,j,a+b+j);
      a+=10;
    }
```

（3）
```
#include <stdio.h>
    int func(int a,int b)
    {
      int c;
      c=a+b;
      return(c);
    }
    void main()
    {
      int x=6,y=7,z=8,r;
      r=func((x--,y++,x+y),z--);
      printf("%d\n",r);
    }
```

（4）
```
#include <stdio.h>
    #define FUE(K) K+3.14159
    #define PR(a) printf("a=%d\t", (int)(a))
```

```
#define PRINT(a) PR(a); putchar('\n')
void main()
{
  int x=2;
  PRINT(x*FUE(4));
}
```

2. 由键盘输入 $n$，求满足下述条件的 $x$ 和 $y$：$n^x$ 和 $n^y$ 的末 3 位数字相同，且 $x \neq y$、$x$、$y$、$n$ 均为自然数，并使 $x+y$ 为最小。

程序如下：

```
#include <stdio.h>
int pow3(int n,int x)
{
  int i,last;
  for(last=1,i=1;i<=x;i++)
    last=last*n;
  last=last%1000;
  return last;
}
void main()
{
  int x,n,min,flag=1;
  scanf("%d",&n);
  for(min=2;flag;min++)
    for(x=1;x<min&&flag;x++)
      if (x!=min-x&&pow3(n,x)==pow3(n,min-x))
      {
        printf("x=%d,y=%d\n",x,min-x);
        flag=0;
      }
}
```

3. 按下述递归定义（$m \geq 0$，$n \geq 0$）编写一个计算阿克曼函数的递归函数：

$$A(m,n) = \begin{cases} n+1 & m=0 \\ A(m-1,1) & n=0 \\ A(m-1,A(m,n-1)) & m \neq 0, n \neq 0 \end{cases}$$

程序如下：

```
#include <stdio.h>
long ack(int m,int n)
{
  long value;
  if (m==0)
    value=n+1;
  else if (n==0)
    value=ack(m-1,1);
  else
```

```
    value=ack((m-1),ack(m,n-1));
  return(value);
}
void main()
{
  int mm,nn;
  long a;
  printf("Please enter m,n: ");
  scanf("%d%d",&mm,&nn);
  a=ack(mm,nn);
  printf("ack(%d,%d)=%ld\n",mm,nn,a);
}
```

4. 定义一个带参数宏，判断一个字符是否为字母字符，若是，结果为1；否则结果为0。在主函数中使用该宏，输出结果。

程序如下：

```
#include <stdio.h>
#define IsAlpha(c)  (c>='A'&&c<='Z'||c>='a'&&c<='z'?1:0)
void main()
{
  char ch;
  scanf("%c",&ch);
  if (IsAlpha(ch))
    printf("%c is an alpha.\n",ch);
  else
    printf("%c isn't an alpha.\n",ch);
}
```

## 四、实验思考

1. 任意输入一个4位自然数，调用函数输出该自然数的各位数字组成的最大数。

2. 编写一个求水仙花数的函数，求3位正整数的全部水仙花数中的次大值。水仙花数的定义见实验4中的实验思考第5题。

3. 某人购买的体育彩票猜中了4个号码，这4个号码按照从大到小的顺序组成一个数字可被11整除，将其颠倒过来也可被11整除，编写函数求符合这样条件的4个号码。关于体育彩票号码的规则见实验5中的实验思考第6题。（可被11整除颠倒过来也可被11整除的正整数例如341，它可被11整除，颠倒过来143也可被11整除）

4. 编写一个递归函数，实现将任意的正整数按反序输出。例如，输入12345，输出54321。

5. 已知：

$$y = \frac{f(x,n)}{f(x + 2.3, n) + f(x - 3.2, n + 3)}$$

其中 $f(x,n) = 1 - \frac{x^2}{2!} + \frac{x^4}{4!} - \cdots + (-1)^n \frac{x^{2n}}{(2n)!}$，（$n \geq 0$）。

编写一个函数，然后调用该函数求 $y$ 的值。

# 实验 8　数　　组

## 一、实验目的

1. 掌握一维数组和二维数组的定义、赋值、数组元素的引用形式和数组的输入输出方法。
2. 掌握与数组有关的非数值计算算法，如查找、插入、删除和排序等。
3. 掌握与数组有关的数值计算方法，如矩阵运算等。
4. 掌握 C 语言中字符数组和字符串处理函数的使用。

## 二、实验准备

1. 复习数组的概念与使用方法，理解数组的作用。
2. 理解与数组有关算法的基本思路。
3. 复习字符数组的使用方法。

## 三、实验内容

1. 写出程序的输出结果，然后上机验证。

（1）
```c
#include <stdio.h>
void main()
{
  static int number[10];
  int index;
  number[0]=197;
  number[2]=-100;
  number[5]=350;
  number[3]=number[0]+number[5];
  number[9]=number[5]/10;
  --number[2];
  for(index=0;index<10;++index)
    printf("number[%d]=%d\n",index,number[index]);
}
```

（2）
```c
#include <stdio.h>
void main()
{
  int goods[10]={1,0,0,0,0,0,0,0,0,0};
  int i,j;
  for(j=0;j<10;++j)
    for(i=0;i<j;++i)
      goods[j]=goods[j]+goods[i];
  for(j=0;j<10;++j)
    printf("%d\n",goods[j]);
}
```

（3）
```c
#include <stdio.h>
void main()
{
```

```
      int i,j,a[5][5];
      for(i=0;i<5;i++)
      {
        a[i][0]=a[i][i]=1;
        for(j=1;j<i;j++) a[i][j]=a[i-1][j-1]+a[i-1][j];
      }
      for(i=0;j<5;i++)
      {
        printf("\n");
        for(j=0;j<=i;j++) printf("  %d  ",a[i][j]);
      }
    }
```

（4）
```
#include <stdio.h>
  void main()
  {
    int i,j,t,a[4][4]={11,22,33,44,1,2,3,4,10,20,30,40,12,22,32,42};
    for(i=0;i<4;i++)
      for(j=0;j<i;j++) {t=a[i][j];a[i][j]=a[j][i];a[j][i]=t;}
    for(i=0;i<4;i++)
    {
      printf("\n");
      for(j=0;j<4;j++) printf("  %d  ",a[i][j]);
    }
  }
```

（5）
```
#include <stdio.h>
  void main()
  {
    char a[]="ab12cd34ef";
    int i,j;
    for(i=j=0;a[i];i++)
      if (a[i]>='a'&&a[i]<='z') a[j++]=a[i];
    a[j]='\0';
    printf("%s\n",a);
  }
```

2. 有一数组，内放 10 个整数，要求找出最小的数和它的下标。然后把它和数组中最前面的元素对换位置。

程序如下：

```
#include <stdio.h>
void main()
{
  int i,array[10],min,k=0;
  printf("Please input 10 data\n");
  for(i=0;i<10;i++)
    scanf("%d",&array[i]);
  printf("Before exchang:\n");
  for(i=0;i<10;i++)
    printf("%5d",array[i]);
```

```
    min=array[0];
    for(i=1;i<10;i++)
      if (min>array[i])
      {
        min=array[i];
        k=i;
      }
    array[k]=array[0];
    array[0]=min;
    printf("After exchange:\n");
    for(i=0;i<10;i++)
      printf("%5d",array[i]);
    printf("k=%d\t min=%d\n",k,min);
}
```

3. 在一个已排好序的数列（由小到大）中再插入一个数，要求仍然有序。

程序如下：

```
#include <stdio.h>
void main()
{
  int i,n;
  float a,x[20],y[21];
  printf("Please input n value\n");
  scanf("%d",&n);
  printf("Please input value (from small to big)\n");
  for(i=0;i<n;i++)
    scanf("%f",&x[i]);
  printf("Insert value=?");
  scanf("%f",&a);
  i=0;
  while(a>x[i]&&i<n)
  {
    y[i]=x[i];
    i++;
  }
  y[i]=a;
  for(i=i+1;i<n+1;i++)
    y[i]=x[i-1];
  printf("\n");
  for(i=0;i<n+1;i++)
  {
    printf("%8.2f",y[i]);
    if ((i+1)%5==0) puts("\n");
  }
}
```

4. 任意输入两个字符串，分别存放在 a、b 两个字符数组中。然后将较短的字符串放在 a 数组中，将较长的字符串放在 b 数组中，并输出。

程序如下：

```
#include <stdio.h>
```

```
#include <string.h>
void main()
{
  char a[10],b[10],ch;
  int c,d,k;
  scanf("%s",a);
  scanf("%s",b);
  printf("a=%s,b=%s\n",a,b);
  c=strlen(a);
  d=strlen(b);
  if (c>d)
  {
    for(k=0;k<c;k++)
    {
      ch=a[k];a[k]=b[k];b[k]=ch;
    }
    b[k]='\0';
  }
  printf("a=%s\n",a);
  printf("b=%s\n",b);
}
```

5. 对从键盘任意输入的字符串，将其中所有的大写字母改为小写字母，而所有小写字母改为大写字母，其他字符不变。例如：输入"Hello World!"，输出"hELLO wORLD!"。

程序如下：

```
#include <stdio.h>
void main()
{
  char s[100];
  int i;
  gets(s);
  for(i=0;s[i]!='\0';i++)
  {
    if (s[i]>='A'&&s[i]<='Z') s[i]+=32;
    else if (s[i]>='a'&&s[i]<='z') s[i]-=32;
  }
  puts(s);
}
```

6. 设有 4×4 的方阵，其中的元素由键盘输入，求：

（1）主对角线上元素之和。

（2）辅对角线上元素之积。

（3）方阵中最大的元素。

程序如下：

```
#include <stdio.h>
#define N 4
void main()
{
  int a[N][N],s1=0,s2=1,max=0,i,j;
```

```
for(i=0;i<N;i++)
  for(j=0;j<N;j++)
    scanf("%d",&a[i][j]);
max=a[0][0];
for(i=0;i<N;i++)
  for(j=0;j<N;j++)
  {
    if (i==j) s1+=a[i][j];
    if (i+j==N-1) s2*=a[i][j];
    if (a[i][j]>max) max=a[i][j];
  }
printf("s1=%d,s2=%d,max=%d\n",s1,s2,max);
}
```

7. 下列程序将数组 a 中的每 4 个相邻元素的平均值存放在数组 b 中。将程序补充完整。

```
#include <stdio.h>
void main()
{
  int a[10],m,n;
  float b[7];
  for(m=0;m<10;m++)
    scanf("%d",&a[m]);
  for(m=0;m<7;m++)
  {
    _____;
    for(n=m;_____;n++)
      b[m]+=a[n];
    _____;
  }
  for(m=0;m<7;m++)
    printf("%f,",b[m]);
}
```

## 四、实验思考

1. 随机产生 20 个 [45,210] 范围内的正整数，实现以下功能：

（1）求最大值、最小值和平均值。

（2）求小于平均值的数据的个数。

（3）按照从大到小的顺序将数据排序。

2. 写一函数 int f(int x[],int n)，求出 20 个数中的最大数。

3. 输入 4×4 的数组，求：

（1）对角线上行、列下标均为偶数的各元素的积。

（2）找出对角线上其值最大的元素和它在数组中的位置。

4. 输入若干个字符串，求出每个字符串的长度，并打印最长字符串的内容。以"stop"作为输入的最后一个字符串。

5. 输入任意一个含有空格的字符串（至少 10 个字符），删除指定位置的字符后输出该字符串。例如，输入"Beijing123"和删除位置 3，则输出"Beiing123"。

# 实验 9　指　　针

## 一、实验目的

1. 掌握指针与变量、指针与数组的关系。
2. 掌握指针与函数的关系。
3. 掌握指针与字符串的关系。
4. 掌握动态内存分配的方法。

## 二、实验准备

1. 复习指针变量的概念、定义、赋值和操作（存储单元的引用、移动指针的操作、指针的比较）。
2. 复习数组元素的多种表示形式。
3. 复习指针变量作函数参数的参数结合规则。
4. 复习动态内存分配的概念以及动态内存管理函数的使用方法。

## 三、实验内容

1. 写出程序的输出结果，然后上机验证。

（1）
```c
#include <stdio.h>
void main()
{
  int a[]={1,2,3};
  int *p,i;
  p=a;
  for(i=0;i<3;i++)
    printf("%d,%d,%d,%d\n",a[i],p[i],*(p+i),*(a+i));
}
```

（2）
```c
#include <stdio.h>
void fun(int *s)
{
  static int j=0;
  do
  {
    s[j]+=s[j+1];
  }while(++j<2);
}
void main()
{
  int k,a[10]={1,2,3,4,5};
  for(k=1;k<3;k++)
    fun(a);
  for(k=0;k<5;k++)
    printf("%d",a[k]);
}
```

（3）
```c
#include <stdio.h>
void fun(int n,int *s)
{
  int f1,f2;
  if (n==1||n==2)
    *s=1;
  else
  {
    fun(n-1,&f1);
    fun(n-2,&f2);
    *s=f1+f2;
  }
}
void main()
{
  int x;
  fun(6,&x);
  printf("%d\n",x);
}
```

（4）
```c
#include <stdio.h>
void main()
{
  char *s="ab5ca2cd34ef",*p;
  int i,j,a[]={0,0,0,0};
  for(p=s;*p!='\0';p++)
  {
    j=*p-'a';
    if (j>=0&&j<=3) a[j]++;
  }
  for(i=0;i<4;i++)
    printf("  %d  ",a[i]);
}
```

（5）
```c
#include <stdio.h>
int m[2][3]={{1,2,3},{4,5,6}};
void main()
{
  void f(int (*)[]);
  f(m);
}
void f(int (*a)[2])
{
  printf("\n%d %d %d\n",a[0][1],a[0][2],a[1][1]);
}
```

2. 100 个人围成一圈，从第 1 个人开始，每数到 3 的人出圈。问最后一个出圈的人是哪一个？
程序如下：

```c
#include <stdio.h>
void main()
{
```

```
    int a[100],i,n,k,*p;
    p=a;
    for(i=0;i<100;i++)
        *(p+i)=i+1;                /* 以 1 至 100 为每个人编号 */
    n=100;                          /* n 为未出圈人数 */
    i=k=0;
    while(n>1)                      /* 当出圈人数不为 1 时执行 */
    {
      if (*(p+i)!=0) k++;
      if (k==3)
      {
        *(p+i)=0;                  /* 退出人置为 0 */
        k=0;
        n--;
      }
      i++;
      if (i==100) i=0;            /* 到最后一个人再恢复为第 1 个人 */
    }
    while(*p==0) p++;
    printf("the last is %d\n",*p);
}
```

3. 有一个 $m \times n$ 整型数组，找出最大值及其所在的行和列。要求用函数求最大值，使用指针实现。

程序如下：

```
#include <stdio.h>
void main()
{
  void mymaxval(int arr[][4],int m,int n);
  int array[3][4],i,j,line,column;
  printf("Input lines of array: ");
  scanf("%d",&line);
  printf("Input column of array: ");
  scanf("%d",&column);
  printf("Input data\n");
  for(i=0;i<line;i++)
      for(j=0;j<column;j++)
          scanf("%d",&array[i][j]);
  printf("\n");
  for(i=0;i<line;i++)
  {
    for(j=0;j<column;j++)
      printf("%5d",array[i][j]);
    printf("\n");
  }
  mymaxval(array,line,column);
}
void mymaxval(int arr[][4],int m,int n)
```

```
{
  int i,j,max,line=0,col=0;
  int(*p)[4];
  max=arr[0][0];
  p=arr;
  for(i=0;i<m;i++)
    for(j=0;j<n;j++)
      if (max<*(*(p+i)+j))
      {
          max=*(*(p+i)+j);
          line=i;
          col=j;
      }
  printf("The maximum value is %d\n",max);
  printf("The line is %d\n",line);
  printf("The column is %d\n",col);
}
```

4. 任意输入两个数，调用两个函数分别求：

（1）两个数的和。

（2）两个数交换值。

要求用函数指针调用这两个函数，结果在主函数中输出。

程序如下：

```
#include <stdio.h>
int sum(int a,int b)
{
  return a+b;
}
void swap(int *a,int *b)
{
  int t;
  t=*a;
  *a=*b;
  *b=t;
}
void main()
{
  int a,b,c,(*p)();
  scanf("%d,%d",&a,&b);
  p=sum;
  c=(*p)(a,b);
  p=swap;
  (*p)(&a,&b);
  printf("sum=%d\n",c);
  printf("a=%d,b=%d\n",a,b);
}
```

5. 输入 3 行字符，每行 40 个字符，要求统计出其中共有多少个大写字母、小写字母、空格和标点符号。

程序如下：

```c
#include <stdio.h>
void main()
{
  char str[3][40],(*p)[40];
  int i,j,up,low,space,comma;
  up=0;low=0;space=0;comma=0;
  printf("input three strings\n");
  for(i=0;i<3;i++)
    gets(str[i]);
  p=str;
  for(i=0;i<3;i++)
    for(j=0;j<strlen(str[i]);j++)
    {
      if (*(*(p+i)+j)>='a'&&*(*(p+i)+j)<='z')
        low++;
      else if (*(*(p+i)+j)>='A'&&*(*(p+i)+j)<='Z')
        up++;
      else if (*(*(p+i)+j)==',')
        comma++;
      else if (*(*(p+i)+j)==' ')
        space++;
    }
  printf("low=%d up=%d space=%d comma=%d",low,up,space,comma);
}
```

6. 求前 $n$ 个素数，要求利用动态数组存储。

分析：对任意整数 $m$，如果它不能被小于它的素数整除，则 $m$ 也是素数。引入动态数组 primes[] 来存储前 $n$ 个素数，已求得的素数个数为 pc。输入 N 的值，动态分配数组用来存储素数；primes[0]=2，pc=1；从 m=3 开始，当 pc 小于 N 时循环执行以下，按顺序将已求得的素数 primes[k] 去整除 m，如果 m 能被某个 primes[k] 整除，则 m 是合数，让 m 增 2，并重新从第一个素数开始对它进行循环。数 m 为素数的条件是存在一个 k，使得 primes[0]～primes[k-1] 不能整除 m，且 primes[k]*primes[k]>m 成立。

程序如下：

```c
#include <stdio.h>
#include <malloc.h>
void main()
{
  int pc,m,k;
  int N;
  int *primes;
  printf("\n Seek the first N prime numbers \n");
  printf("Input N:");
  scanf("%d",&N);
  primes=(int *)malloc(N*sizeof(int));
  primes[0]=2;
  pc=1;                  /*已有一个素数*/
```

```
    m=3;                        /*被测试的数从 3 开始，除 2 外，其余素数均为奇数*/
    while(pc<N)
    {
       k=0;
       while(primes[k]*primes[k]<=m)
       {
          if (m%primes[k]==0)
          {
            m+=2;               /* 让 m 取下一个奇数 */
            k=1;
          }
          else
            k++;
       }
       primes[pc++]=m;
       m+=2;
    }
    for(k=0;k<pc;k++)       /* 输出 primes[0]至 primes[pc-1] */
      printf("%4d ",primes[k]);
    printf("\n\n press any key to quit...\n");
    free(primes);
}
```

## 四、实验思考

1. 在主函数中任意输入 9 个数，调用函数求最大值和最小值，在主函数中按每行 3 个数的形式输出，其中最大值出现在第 1 行末尾，最小值出现在第 3 行的开头。

2. 定义函数 int f(char *x)，判断 x 所指的字符串是否为回文，若是则函数返回 1，否则返回 0。

3. 定义函数 void f(float x,int *y,float *z)，将 x 的整数部分存于 y 所指的存储单元，将 x 的小数部分存于 z 所指的存储单元。

4. 对数组 A 中的 N（0<N<100）个整数从小到大进行连续编号，要求不能改变数组 A 中元素的顺序，且相同的整数要具有相同的编号。例如，若数组是 A=(5，3，4，7，3，5，6)，则输出为 (3，1，2，5，1，3，4)。要求利用动态数组实现。

5. 输入一个 3 位数，计算该数各位上的数字之和，如果该和在[1,12]之内，则输出与和数相对应的月份的英文名称，否则输出 "***"。

例如，若输入 123，则输出 1+2+3=6→June，若输入 139，则输出 1+3+9=13→***。

用指针数组记录各月份英文单词的首地址。

# 实验 10　结　构　体

## 一、实验目的

1. 理解结构体类型的概念，掌握它的定义形式。
2. 掌握结构体类型变量的定义和变量成员的引用形式。
3. 熟悉结构体类型的应用。

## 二、实验准备

1. 复习结构体类型的概念、定义以及结构体变量、数组的定义和使用方法。
2. 复习结构指针及其应用方法。

## 三、实验内容

1. 写出程序的输出结果，然后上机验证。

（1）
```c
#include <stdio.h>
struct comm
{
    char *name;
    int age;
    float sales;
};
void exam(struct comm *);
void main()
{
    struct comm x[2],y,z,*p;
    y.name="Chang";
    y.age=30;
    y.sales=200.0;
    x[0].name="Liu";x[0].age=55;x[0].sales=350.0;
    x[1].name="Li";x[1].age=45;x[1].sales=300.0;
    p=x;p++;
    printf("%s  %d  %4.1f ",p->name,p->age,p->sales);
    z=y;p=&z;
    printf("\n%s  %d  %4.1f ",p->name,p->age,p->sales);
    exam(&y);
}
void exam(struct comm *q)
{
    printf("\n%s",q->name);
}
```

（2）
```c
#include <stdio.h>
struct str1
{
    char c[5];
    char *s;
};
void main()
{
    struct str1 s1[2]={{"ABCD","EFGH"},{"IJK","LMN"}};
    struct str2
    {
        struct str1 sr;
        int d;
    }s2={"OPQ","RST",32767};
    struct str1 *p[2];
```

```
        p[0]=&s1[0];
        p[1]=&s1[1];
        printf("%s",++p[1]->s);
        printf("%c",s2.sr.c[2]);
    }
```

（3）
```
#include <stdio.h>
    struct st
    {
        int x,*y;
    }*p;
    int s[]={10,20,30,40};
    struct st a[]={1,&s[0],2,&s[1],3,&s[2],4,&s[3]};
    void main()
    {
        p=a;
        printf("%d\n",++(*(++p)->y));
    }
```

2. 输入 $N$ 个整数，存储输入的数及对应的序号，并将输入的数按从小到大的顺序进行排列。要求：当两个整数相等时，整数的排列顺序由输入的先后次序决定。例如：输入的第 3 个整数为 5，第 7 个整数也为 5，则将先输入的整数 5 排在后输入的整数 5 的前面。

程序如下：

```
#include <stdio.h>
#define N 10
struct
{
    int no;
    int num;
}array[N];
void main()
{
    int i,j,num;
    for(i=0;i<N;i++)
    {
        printf("Enter No. %d:",i);
        scanf("%d",&num);
        for(j=i-1;j>=0&&array[j].num>num;j--)
            array[j+1]=array[j];
        array[j+1].num=num;
        array[j+1].no=i;
    }
    for(i=0;i<N;i++)
        printf("%d=%d,%d\n",i,array[i].num,array[i].no);
}
```

3. 按学生的姓名查询其成绩排名和平均成绩。查询时可连续进行，直到输入 0 时结束。

程序如下：

```
#include <stdio.h>
#include <string.h>
#define NUM 4
```

```
struct student
{
    int rank;
    char *name;
    float score;
};
struct   student   stu[]={3,"Lixiao",89.3,4,"Zhangban",78.2,1,"Liuniu",95.1,
2,"Wanwo",90.6};
void main()
{
  char str[10];
  int i;
  do
  {
     printf("Enter a name");
     scanf("%s",str);
     for(i=0;i<NUM;i++)
       if (strcmp(stu[i].name,str)==0)
       {
          printf("Name :%8s\n",stu[i].name);
          printf("Rank :%3d\n",stu[i].rank);
          printf("Average :%5.1f\n",stu[i].score);
          break;
       }
       if (i>=NUM)
         printf("Not found\n");
  }while(strcmp(str,"0")!=0);
}
```

4. 输入 5 个人的年龄、性别和姓名，然后输出。

程序如下：

```
#include <stdio.h>
struct man
{
  char name[20];
  unsigned age;
  char sex[7];
};
void main()
{
  struct man person[5];
  void data_in(struct man *,int);
  void data_out(struct man *,int);
  data_in(person,5);
  data_out(person,5);
}
void data_in(struct man *p,int n)
{
  struct man *q=p+n;
  for(;p<q;p++)
```

```
    {
        printf("age:sex:name");
        scanf("%u%s",&p->age,p->sex);
        gets(p->name);
    }
}
void data_out(struct man *p,int n)
{
    struct man *q=p+n;
    for(;p<q;p++)
        printf("%s;%u;%s\n",p->name,p->age,p->sex);
}
```

5. 以下程序是用来统计学生成绩。其功能包括输入学生姓名和成绩, 按成绩从高到低排列输出, 对前 70% 的学生定为合格 ( Pass ), 而后 30% 的学生定为不合格 ( Fail )。请补充程序。

程序如下:

```
#include <stdio.h>
#include <string.h>
typedef struct
{
    char name[30];
    int grade;
}student;
student stu[40];
void sortclass(student [],int);
void swap(student *,student *);
void main()
{
    int ns,cutoff,i;
    printf("number of student: \n");
    scanf("%d",&ns);
    printf("Enter name and grade for each student: \n");
    for(i=0;i<ns;i++)
        scanf("%s%d",_____);
    sortclass(stu,ns);
    cutoff=(ns*7)/10-1;
    printf("\n");
    for(i=0;i<ns;i++)
    {
        printf("%-6s%3d",stu[i].name,stu[i].grade);
        if (i<=cutoff)
            printf(" Pass \n");
        else
            printf(" Fail \n");
    }
}
void sortclass(student st[],int nst)
{
    int i,j,pick;
    for(i=0;i<(nst-1);i++)
    {
        pick=i;
```

```
        for(j=i+1;j<nst;j++)
         if (st[j].grade>st[pick].grade)
           pick=j;
        swap(_____);
    }
}
void swap(student *ps1,student *ps2)
{
    student temp;
    strcpy(temp.name,ps1->name);
    temp.grade=ps1->grade;
    strcpy(ps1->name,ps2->name);
    ps1->grade=ps2->grade;
    strcpy(ps2->name,temp.name);
    ps2->grade=temp.grade;
}
```

## 四、实验思考

1. 有 10 个学生，每个学生的数据包括学号、姓名和 3 门课程的成绩，从键盘输入每个学生的数据，计算每个学生 3 门课程的平均成绩，计算 10 个学生每门课程的平均成绩，然后要求按学生平均成绩从低到高次序输出每个学生的各课程成绩、3 门课程的平均成绩，最后输出每门课程的平均分（采用结构体数组）。

要求用 input 函数输入，用 average1 函数求每个学生 3 门课程的平均成绩，用 average2 函数求 10 个学生每门课程的平均成绩，用 sort 函数对学生进行排序，用 output 函数输出总成绩表。

2. 设计一个保存学生情况的结构体，学生情况包括姓名、学号、年龄等信息。输入 5 个学生的情况，输出学生的平均年龄和年龄最小的学生的情况。要求输入和输出分别编写独立的输入函数 input 和输出函数 output。

3. 使用结构体数组输入 10 本书的名称和单价，调用函数按照书名的字母顺序序进行排序，在主函数中输出排序结果。

4. 输入若干人员的姓名（6 位字母）及其电话号码（7 位数字），以字符"#"结束输入。然后输入姓名，查找该人的电话号码。

# 实验 11　链　　表

## 一、实验目的

1. 加深对结构体类型数据、结构体指针类型数据的认识。
2. 理解链表的概念，熟悉链表的操作。
3. 进一步理解内存动态分配的含义，熟练运用内存动态分配管理函数。

## 二、实验准备

1. 复习链表的概念以及链表操作（生成、查找、插入、删除、输出）的基本思路。
2. 复习内存动态分配的概念以及用于内存动态分配的管理函数。

## 三、实验内容

1. 读入一行字符(如：a、b、…、y、z)，按输入时的逆序建立一个链接式的结点序列，即先输入的位于链表尾（如下图），然后再按输入的相反顺序输出，并释放全部结点。

程序如下：

```
#include <stdio.h>
void main()
{
  struct node
  {
    char info;
    struct node *link;
  }*top,*p;
  char c;
  top=NULL;
  while((c=getchar())!='\n')
  {
    p=(struct node *)malloc(sizeof(struct node));
    p->info=c;
    p->link=top;
    top=p;
  }
  while(top)
  {
    p=top;
    top=top->link;
    putchar(p->info);
    free(p);
  }
}
```

2. 将指针 p2 所指向的线性链表串接到 p1 所指向的链表的末端。假定 p1 所指向的链表非空。

程序如下：

```
#include <stdio.h>
#include <malloc.h>
struct link
{
  float a;
  struct link *next;
};
struct link * create()
{
  float f;
  struct link *p,*top=NULL;
  scanf("%f",&f);
  while(f>0)              /* 当输入数据小于等于 0 时退出 */
  {
    p=(struct link *)malloc(sizeof(struct link));
```

```
            p->a=f;
            p->next=top;
            top=p;
            scanf("%f",&f);
        }
    return top;
}
void concatenate(struct link *p1,struct link *p2)
{
    if (p1->next==NULL)
      p1->next=p2;
    else
      concatenate(p1->next,p2);
}
void main()
{
    struct link *head1,*head2,*p;
    head1=create();
    head2=create();
    concatenate(head1,head2);
    p=head1;
    while(head1)
    {
        head1=head1->next;
        printf("%.2f ",p->a);
        free(p);
        p=head1;
    }
}
```

3. 创建一个带有头结点的链表,将头结点返回给主调函数。链表用于存储学生的学号和成绩。新产生的结点总是位于链表的尾部。

程序如下:

```
#include <stdio.h>
#include <malloc.h>
#define LEN sizeof(struct student)
struct student
{
  long num;
  int score;
  struct student *next;
};
struct student *create()
{
  struct student *head=NULL,*tail;
  long num;
  int a;
  tail=(struct student *)malloc(LEN);
  do
  {
```

```
        scanf("%ld,%d",&num,&a);
        if (num!=0)
        {
            if (head==NULL)
                head=tail;
            else
                tail=tail->next;
            tail->num=num; tail->score=a;
            tail->next=(struct student *)malloc(LEN);
        }
        else
            tail->next=NULL;
    }while(num!=0);           /* 当 num 等于 0 时退出 */
    return(head);
}
void main()
{
    struct student *head,*p;
    head=create();
    p=head;
    while(head)
    {
        head=head->next;
        printf("%ld %d\n",p->num,p->score);
        free(p);
        p=head;
    }
}
```

4. 下面程序的功能是从键盘输入一个字符串, 然后反序输出输入的字符串。请补充程序。
程序如下:

```
#include <stdio.h>
struct node
{
   char data;
   struct node *link;
}*head;
void main()
{
   char ch;
   struct node *p;
   head=NULL;
   while((ch=getchar())!='\n')
   {
     p=(struct node *)malloc(sizeof(struct node));
     p->data=ch;
     p->link=_____;
     head=_____;
   }
   _____ ;
```

```
    while(p!=NULL)
    {
      printf("%c ",p->data);
      p=p->link;
    }
  }
```

## 四、实验思考

1. 建立一个有 5 个结点的单向链表，每个结点包含姓名、年龄和基本工资。编写两个函数，一个用于建立链表，另一个用于输出链表。

2. 在第 1 题的基础上，编写插入结点的函数，在指定位置插入一个新结点。

3. 在第 1 题的基础上，编写删除结点的函数，在指定位置删除一个结点。

# 实验 12  共用体和枚举

## 一、实验目的

1. 理解共用体类型和枚举类型的概念，掌握它们的定义形式。
2. 掌握共用体类型变量的定义和变量成员的引用形式。

## 二、实验准备

1. 复习共用体类型的概念与定义，共用体变量的定义和使用方法。
2. 比较结构体、共用体和数组的区别。

## 三、实验内容

1. 写出程序的输出结果，然后上机验证。

（1）
```c
#include <stdio.h>
  void main()
  {
    enum team{qiaut,cubs=4,pick,dodger=qiaut-2};
    printf("%d, %d, %d, %d\n",qiaut,cubs,pick,dodger);
  }
```

（2）
```c
#include <stdio.h>
  void main()
  {
    union bt
    {
      int k;
      char c[2];
    }a;
    a.k=-7;
    printf("%o, %o\n",a.c[0],a.c[1]);
  }
```

（3）
```c
#include <stdio.h>
void main()
{
    union u_tag
    {
        int ival;
        float fval;
        char *pval;
    }uval,*p;
    uval.ival=10;
    uval.fval=9.0;
    uval.pval="C language,";
    printf("\n%s", uval.pval);
    p=&uval;
    printf("%d",p->ival);
}
```

（4）
```c
#include <stdio.h>
void main()
{
    union EXAMPLE
    {
        struct
        {
            int x,y;
        }in;
        int a,b;
    }e;
    e.a=1;e.b=2;
    e.in.x=e.a*e.b;
    e.in.y=e.a+e.b;
    printf("%d,%d\n",e.in.x,e.in.y);
}
```

（5）
```c
#include <stdio.h>
void main()
{
    union
    {
        int i[2];
        long k;
        char c[4];
    }r,*s=&r;
    s->i[0]=0x39;
    s->i[1]=0x38;
    printf("%c\n",s->c[0]);
}
```

2. 读入两个学生的情况并存入结构体数组。每个学生的情况包括：姓名、学号、性别。若是男生，则还登记其视力正常与否（正常用 Y，不正常用 N）；对女生则还登记其身高和体重。

程序如下：

```c
#include <stdio.h>
struct
```

```
    {
        char name[10];
        int number;
        char sex;
        union body
        {
            char eye;
            struct
            {
                int hength;
                int weight;
            }f;
        }body;
    }per[2];
    void main()
    {
        int i;
        for(i=0;i<2;i++)
        {
            scanf("%s %d %c",per[i].name,&per[i].number,&per[i].sex);
            if (per[i].sex=='m')
            {
                fflush(stdin);
                scanf("%c",&per[i].body.eye);
            }
            else if (per[i].sex=='f')
                scanf("%d %d",&per[i].body.f.hength,&per[i].body.f.weight);
            else printf("input error\n");
        }
    }
```

3. 二进制整数的奇数位翻转。

程序如下：

```
#include <stdio.h>
void main()
{
    unsigned x;
    unsigned mask=0xaaaa;
    printf("x(0x????):");
    scanf("%x",&x);
    x^=mask;
    printf("x=%x\n",x);
}
```

## 四、实验思考

1. 写出下列程序的执行结果，并上机验证。

（1）
```
#include <stdio.h>
void main()
{
    union
```

```
        {
            int a;
            long b;
            unsigned char c;
        }m;
        m.b=0x12345678;
        printf("%x\n",m.a);
        printf("%x\n",m.c);
    }
```

（2）
```
#include <stdio.h>
    union ks
    {
        int a;
        int b;
    };
    union ks s[4];
    union ks *p;
    void main()
    {
        int n=1,i;
        printf("\n");
        for(i=0;i<4;i++)
        {
            s[i].a=n;
            s[i].b=s[i].a+1;
            n=n+2;
        }
        p=&s[0];
        printf("%d, ",p->a);
        printf("%d, ",++p->a);
    }
```

2. 以下程序对输入的两个数字进行正确性判断，若数据满足要求，则输出正确信息，并计算结果，否则输出相应的错误信息并继续读数，直到输入正确为止。请补充程序。

```
#include <stdio.h>
enum ErrorData{Right,Less0,Great100,MinMaxErr};
char *ErrorMessage[]={"Enter Data Right","Data<0 Error","Data>100 Error","x>y Error"};
void main()
{
    int status,x,y;
    int error(int,int);
    do
    {
        printf("please enter two number(x,y)");
        scanf("%d%d",&x,&y);
        status=_____;
        printf(ErrorMessage[_____]);
    }while(status!=Right);
    printf("Result=%d",x*x+y*y);
```

```
}
int error(int min,int max)
{
  if (max<min)
    return MinMaxErr;
  else if (max>100)
    return Great100;
  else if (min<0)
    return Less0;
  else
    _____;
}
```

3. 对于无符号整型（unsigned long）数据 x 进行下列操作：

（1）取出它的前 16 位。

（2）取出它的奇数位。

（3）将最低的字节各位取反。

（4）向左循环移 n 位。

（5）从左至右取出第 n1 到第 n2 的位，其余各位为 0。

（6）将从右至左的第 p 位开始的 n 位求反，其余各位不变。

4. 写出以下程序的输出结果，并上机验证。

```
#include <stdio.h>
typedef int INT;
void main()
{
  INT a,b;
  a=5;
  b=6;
  printf("a=%d\tb=%d\n",a,b);
  {
    float INT;
    INT=3.0;
    printf("2*INT=%.2f\n",2*INT);
  }
}
```

# 实验 13  文    件

## 一、实验目的

1. 掌握文件和文件指针的概念

2. 熟悉文件操作的基本过程，掌握文件操作函数的使用方法。

## 二、实验准备

复习文件的概念以及各种文件操作函数。

## 三、实验内容

1. 从键盘输入姓名，在文件 try.dat 中查找，若文件中已经存入了刚输入的姓名，则显示提示信息。若文件中没有刚输入的姓名，则将该姓名存入文件。要求：

（1）若磁盘文件 try.dat 已存在，则要保留文件中原来的信息；若文件 try.dat 不存在，则在磁盘上建立一个新文件。

（2）当输入的姓名为空时（长度为 0），结束程序。

程序如下：

```
#include <stdio.h>
#include <stdlib.h>
#include <string.h>
void main()
{
  FILE *fp;
  int flag;
  char name[30],data[30];
  if ((fp=fopen("try.dat","a+"))==NULL)
  {
   printf("Open file error\n");
   exit(0);
  }
  do
  {
    printf("Enter name:");
    gets(name);
    if (strlen(name)==0)break;
    strcat(name,"\n");
    rewind(fp);
    flag=1;
    while(flag&&(fgets(data,30,fp)!=NULL))
      if (strcmp(data,name)==0)
        flag=0;
    if (flag)
      fputs(name,fp);
    else
      printf("\tThe name has existed !\n");
  }while(ferror(fp)==0);
  fclose(fp);
}
```

2. 在文件 data_in.dat 中存储一篇英文文章，文件存放格式是每行宽度均小于 80 个字符，其中包括标点符号和空格，行数不超过 50 行。要求以行为单位把字符串中所有小写字母 o 左边的字符串移到该串的右边，然后把小写字母 o 删除，将最后的处理结果输出到文件 data_out.dat 中。

例如原文为：

```
You are perfect.
This is the correct record.
```

倒置后：

```
u are perfect.Y
rd.This is the crrect rec
```

　　分析：对文章每一行，从头至尾扫描，每遇到字母 o，都将 o 后的每个字符向前移一个位置（相当于删除字母 o），记录最后一个字母 o 出现的位置 index，将包括索引 index 之后的所有字符依次循环右移，实现将包括 index 之后的字符移入本行的首部（相当于将所有字母 o 左右两边的字符串置换），最后将转换后的文件输出到 data_out.dat 中。

　　程序如下：

```c
#include <stdio.h>
#include <string.h>
char xx[50][80];
int maxline=0;
int ReadDat(void);
void WriteData(void);
void StrOR(void)
{
    int I,j,k,index,strl;
    char ch;
    for(I=0;I<maxline;I++)
    {
        strl=strlen(xx[I]);
        index=strl;
        for(j=0;j<strl;j++)
          if (xx[I][j]=='o')
          {
              for(k=j;k<strl-1;k++)
                  xx[I][k]=xx[I][k+1];
              xx[I][strl-1]='\0';
              strl--;
              index=j;
          }
        for(j=strl-1;j>=index;j--)
        {
          ch=xx[I][strl-1];
          for(k=strl-1;k>0;k--)
            xx[I][k]=xx[I][k-1];
          xx[I][0]=ch;
        }
    }
}
int ReadDat(void)
{
    FILE *fp;
    int i=0;
    char *p;
    if ((fp=fopen("data_in.dat","r"))==NULL)
      return 1;
    while(fgets(xx[i],80,fp)!=NULL)
    {
      p=strchr(xx[i],'\n');
      if (p)
        *p = 0;
```

```
        i++;
    }
    maxline=i;
    fclose(fp);
    return 0;
}
void WriteDat(void)
{
    FILE *fp;
    int i;
    fp=fopen("data_out.dat","w");
    for(i=0;i<maxline;i++)
    {
        printf("%s\n",xx[i]);
        fprintf(fp,"%s\n",xx[i]);
    }
    fclose(fp);
}
void main()
{
    if (ReadDat())
    {
        printf("Can't open the file!\n");
        return;
    }
    StrOR();
    WriteDat();
}
```

3. 从文件中读取数据到数组，求奇数的方差。

分析：函数 ReadDat()用于从文件 file_in.dat 中读取 1 000 个十进制整数到数组 xx 中。要求编制函数 Compute()分别计算出 xx 中奇数的个数 odd，偶数的个数 even，奇数的平均值 ave1，偶数的平均值 ave2 以及所有奇数的方差 totfc 的值，最后调用函数 WriteDat()把结果输出到 file_out.dat 文件中。

计算方差的公式为：$totfc = \dfrac{1}{N}\sum\limits_{i=1}^{N}(xx[i]-ave1)^2$，其中 N 为奇数的个数，xx[i]为奇数，ave1 为奇数的平均值。原始数据文件存放的格式为每行存放 10 个数，并用空格隔开（每个数均大于 0 且小于等于 2 000）。

程序如下：

```
#include <stdio.h>
#define MAX 1000
int xx[MAX],odd=0,even=0;
double ave1=0.0,ave2=0.0,totfc=0.0;
void WriteDat(void);
int ReadDat(void)
{
    FILE *fp;
    int i,j;
```

```c
  if ((fp=fopen("file_in.dat","r"))==NULL)
    return 1;
  for(i=0;i<100;i++)
  {
    for(j=0;j<10;j++)
      fscanf(fp,"%d",&xx[i*10+j]);
    fscanf(fp,"\n");
    if (feof(fp))break;
  }
  fclose(fp);
  return 0;
}
void Computer(void)
{
  int I,yy[MAX];
  for(I=0;I<1000;I++)
  {
    if (xx[I]%2)
    {
      odd++;
      ave1+=xx[I];
      yy[odd-1]=xx[I];
    }
    else
    {
      even++;
      ave2+=xx[I];
    }
  }
  ave1/=odd;
  ave2/=even;
  for(I=0;I<odd;I++)
    totfc+=(yy[I]-ave1)*(yy[I]-ave1)/odd;
}
void PressKeyToQuit()
{
  printf("\n press any key to quit...");
  return;
}
void main()
{
  int i;
  puts("This program is to deal with the number from file.");
  puts(">>The results are:");
  for(i=0;i<MAX;i++) xx[i]=0;
  if (ReadDat())
  {
    printf("Can't open data file file_in.dat!\007\n");
    return;
  }
```

```
    Computer();
    printf(" There are %d odds.\n There are %d evens.\n The average value of
    all the odds is %lf.\n The average value of all the evens is %lf.\n The variance
    of the odds is %lf.\n",odd,even,ave1,ave2,totfc);
    WriteDat();
    PressKeyToQuit();
}
void WriteDat(void)
{
    FILE *fp;
    fp=fopen("file_out.dat","w");
    fprintf(fp,"%d\n %d\n %lf\n %lf\n %lf\n",odd,even,ave1,ave2,totfc);
    fclose(fp);
}
```

4. 将磁盘上的一个文件复制到另一个文件中，两个文件名在命令行中给出。

程序如下：

```
#include <stdio.h>
#include <stdlib.h>
void main(int argc,char *argv[])
{
    FILE *f1,*f2;
    char ch;
    if (argc<3)
    {
      printf("The command line error!");
      exit(0);
    }
    f1=fopen(argv[1],"r");
    f2=fopen(argv[2],"w");
    while((ch=fgetc(f1))!=EOF)
      fputc(ch,f2);
    fclose(f2);
    fclose(f1);
}
```

5. 将从终端上读入的 10 个整数以二进制方式写入名为 bi.dat 的新文件中。

程序如下：

```
#include <stdio.h>
#include <stdlib.h>
FILE *fp;
void main()
{
    int i,j;
    if ((fp=fopen("bi.dat","wb"))==NULL)exit(0);
    for(i=0;i<10;i++)
    {
      scanf("%d",&j);
      fwrite(&j,sizeof(int),1,fp);
    }
    fclose( fp);
}
```

## 四、实验思考

1. 输入一个文本文件名，输出该文本文件中的每一个字符及其所对应的 ASCII 码。例如，文件的内容是 Beijing，则输出：B（66）e（101）i（105）j（106）i（105）n（110）g（103）。

2. 编写程序完成如下功能：

（1）输入 5 个学生的信息：学号（6 位整数）、姓名（6 个字符）、3 门课程的成绩（3 位整数 1 位小数）。计算每个学生的平均成绩（3 位整数 2 位小数），将所有数据写入文件 stu1.dat。

（2）从 stu1.dat 文件中读入学生数据，按平均成绩从高到低排序后写入文件 stu2.dat。

（3）按照输入的学生的学号，在 stu2.dat 文件中查找该学生，找到以后输出该学生的所有数据；如果文件中没有输入的学号，则给出相应的提示信息。

3. 用文本编辑软件建立一个名为 d1.txt 的文本文件存入磁盘，文件中有 18 个数。从磁盘上读入该文件，并用文件中的前 9 个数和后 9 个数分别作为两个 3×3 矩阵的元素。求这两个矩阵的和，并把结果按每行 3 个数据写入文本文件 d2.txt。用文本编辑软件显示 d2.txt。

4. 从磁盘上读入一个文本文件，将文件内容显示在屏幕上，每一行的前面显示行号。

5. 根据提示从键盘输入一个已存在的文本文件的完整文件名，再输入另一个已存在的文本文件的完整文件名，然后将第一个文本文件的内容追加到第二个文本文件的原内容之后，利用文本编辑软件查看文件内容，验证程序执行结果。

# 实验 14　综合程序设计

## 一、实验目的

1. 加深对 C 语言程序设计所学知识的理解，学会编写结构清晰、风格良好、数据结构适当的 C 语言程序。

2. 掌握一个实际应用项目的分析、设计以及实现的过程，得到软件设计与开发的初步训练。

3. 本实验内容可以作为课程设计的内容。

## 二、实验准备

综合程序设计要求独立完成有一定工作量的程序设计任务，同时强调好的程序设计风格。为了能更好地完成设计任务，必须了解并遵照基本的实验步骤。本综合设计的基本步骤是：

### 1. 分析问题及确定解决方案

充分分析和理解问题本身，弄清设计要求。在确定解决方案框架的过程中，综合考虑系统功能，考虑怎样使系统结构清晰、合理、简单和易于调试。最后确定系统的功能模块以及模块之间的调用关系。

注意：

（1）要充分利用模块化的设计思想，每一个模块用一个函数来实现，不要整个程序只有一个主函数。

（2）由于所选择的问题具有一定的综合性或应用背景，有些算法可能是未曾学习过的，所以要求在设计过程中能查阅相关的文献资料，包括网上的资料。

**2．详细设计**

确定每一个模块的算法流程，画出流程图。

**3．编写程序**

在确定算法流程的基础上进行代码设计，即编写程序。每一个功能模块的程序代码不要太长，以便于调试。

**4．上机前程序静态检查**

上机前程序静态检查可有效提高调试效率，减少上机调试程序时的无谓错误。静态检查主要有两种途径：

（1）用一组测试数据手工执行程序。

（2）通过阅读或给别人讲解自己的程序而深入全面地理解程序逻辑，把程序中的明显错误事先排除。

**5．上机调试程序**

先分模块进行调试，再将各模块组装起来进行调试。必要时需要借助一些调试手段和调试工具。

**6．完成设计报告**

设计报告是设计的重要文档，通常包含以下内容：

（1）问题描述：设计任务及系统需求。

（2）系统设计：系统的功能模块结构、各模块的功能；各功能模块的设计思路、主要算法思想（算法流程图或伪代码）。

（3）系统调试：调试过程中遇到的主要问题、解决的办法；对设计和编码的回顾讨论和分析；改进思想；收获与体会等。

（4）按照标准的格式要求列出参考文献。

（5）附录：源程序清单和结果。如果题目规定了测试数据，则结果要包含这些测试数据和运行输出，当然还可以包含其他测试数据和运行输出。

## 三、实验内容

1. 线性方程组求解问题。

一物理系统可用下列线性方程组来表示：

$$\begin{bmatrix} m_1\cos\theta & -m_1 & -\sin\theta & 0 \\ m_1\sin\theta & 0 & \cos\theta & 0 \\ 0 & m_2 & -\sin\theta & 0 \\ 0 & 0 & -\cos\theta & 1 \end{bmatrix}\begin{bmatrix} a_1 \\ a_2 \\ N_1 \\ N_2 \end{bmatrix} = \begin{bmatrix} 0 \\ m_1g \\ 0 \\ m_2g \end{bmatrix}$$

从文件中读入 $m_1$、$m_2$ 和 $\theta$ 的值，求 $a_1$、$a_2$、$N_1$ 和 $N_2$ 的值。其中 $g$ 取 9.8，输入 $\theta$ 时以角度为单位。

要求：

（1）选择一种方法（例如高斯消去法、矩阵求逆法、三角分解法、追赶法等），编写求解线性方程组 $Ax=B$ 的函数，要求该函数能求解任意阶线性方程组。具体方法可参考有关计算方法方面的文献资料。

（2）在主函数中调用上面定义的函数来求解。

分析：可以参考用高斯消去法求解 $n$ 阶线性方程组 $Ax=B$ 的程序。算法思路如下：

首先输入系数矩阵 $A$、阶数 $n$ 以及值向量 $B$，接着对于 $k=0\sim n-2$，从 $A$ 的第 $k$ 行、第 $k$ 列开始的右下角子矩阵中选择绝对值最大的元素作为主元素，每行分别除以主元素，使主元素为 1，消去主元素右边的系数；最后利用最后一行方程求解出解向量的最后分量，回代依次求出其余分量，输出结果。

程序如下：

```c
#include <stdlib.h>
#include <math.h>
#include <stdio.h>
#define MAX 255
int Guass(double a[],double b[],int n)
{
    int *js,l,k,i,j,is,p,q;
    double d,t;
    js=malloc(n*sizeof(int));
    l=1;
    for(k=0;k<=n-2;k++)
    {
        d=0.0;
        /* 下面是换主元部分，即从系数矩阵 A 的第 k 行，第 k 列 */
        /* 之下的部分选出绝对值最大的元素，交换到对角线上 */
        for(i=k;i<=n-1;i++)
          for(j=k;j<=n-1;j++)
          {
            t=fabs(a[i*n+j]);
            if (t>d)
            {
              d=t;js[k]=j;is=i;
            }
          }
        /* 主元为 0 时 */
        if (d+1.0==1.0) l=0;
        /* 主元不为 0 时 */
        else
        {
          if (js[k]!=k)
          for(i=0;i<=n-1;i++)
          {
            p=i*n+k;q=i*n+js[k];
            t=a[p];a[p]=a[q];a[q]=t;
          }
          if (is!=k)
          {
            for(j=k;j<=n-1;j++)
            {
              p=k*n+j;q=is*n+j;
              t=a[p];a[p]=a[q];a[q]=t;
```

```
                }
                t=b[k];b[k]=b[is];b[is]=t;
            }
        }
        if (l==0)
        {
          free(js);
          printf("fail\n");
          return(0);
        }
        d=a[k*n+k];
        /* 下面为归一化部分 */
        for(j=k+1;j<=n-1;j++)
        {
          p=k*n+j;
          a[p]=a[p]/d;
        }
        b[k]=b[k]/d;
        /* 下面为矩阵 A,B 消元部分 */
        for(i=k+1;i<=n-1;i++)
        {
          for(j=k+1;j<=n-1;j++)
          {
            p=i*n+j;
            a[p]=a[p]-a[i*n+k]*a[k*n+j];
          }
          b[i]=b[i]-a[i*n+k]*b[k];
        }
    }
    d=a[(n-1)*n+n-1];
    /* 矩阵无解或有无限多解 */
    if (fabs(d)+1.0==1.0)
    {
       free(js);
       printf("该矩阵为奇异矩阵\n");
       return(0);
    }
    b[n-1]=b[n-1]/d;
    /* 下面为迭代消元部分*/
    for(i=n-2;i>=0;i--)
    {
       t=0.0;
       for(j=i+1;j<=n-1;j++)
         t=t+a[i*n+j]*b[j];
         b[i]=b[i]-t;
    }
    js[n-1]=n-1;
    for(k=n-1;k>=0;k--)
       if (js[k]!=k)
       {
```

```
      t=b[k];b[k]=b[js[k]];b[js[k]]=t;
    }
  free(js);
  return(1);
}
void main()
{
  int i,n;
  double A[MAX];
  double B[MAX];
  printf(" >> Please input the order n (>1): ");
  scanf("%d",&n);
  printf(" >> Please input the %d elements of matrix A(%d*%d):\n",n*n,n,n);
  for(i=0;i<n*n;i++)
    scanf("%lf",&A[i]);
  printf(" >> Please input the %d elements of matrix B(%d*1):\n",n,n);
  for(i=0;i<n;i++)
    scanf("%lf",&B[i]);
  /*调用 Guass 消去，1 为计算成功*/
  if (Guass(A,B,n)!=0)
    printf(" >> The solution of Ax=B is x(%d*1):\n",n);
  for(i=0;i<n;i++)
    /*打印结果*/
    printf("x(%d)=%f  ",i,B[i]);
  puts("\n Press any key to quit...");
}
```

2. 线性病态方程组问题。

下面是一个线性病态方程组：

$$\begin{bmatrix} 1/2 & 1/3 & 1/4 \\ 1/3 & 1/4 & 1/5 \\ 1/4 & 1/5 & 1/6 \end{bmatrix} \begin{bmatrix} x_1 \\ x_2 \\ x_3 \end{bmatrix} = \begin{bmatrix} 0.95 \\ 0.67 \\ 0.52 \end{bmatrix}$$

（1）求方程的解。

（2）将方程右边向量元素 $b_3$ 改为 0.53，再求解，并比较 $b_3$ 的变化和解的相对变化。

（3）计算系数矩阵 $A$ 的条件数并分析结论。

矩阵 $A$ 的条件数等于 $A$ 的范数与 $A$ 的逆矩阵的范数的乘积，即 $\text{cond}(A) = \|A\| \cdot \|A^{-1}\|$。这样定义的条件数总是大于 1 的。条件数越接近于 1，矩阵的性能越好，反之，矩阵的性能越差。矩阵 $A$ 的条件数 $\text{cond}(A) = \|A\| \cdot \|A^{-1}\|$，其中 $\|A\| = \max\limits_{1 \le j \le n} \left\{ \sum\limits_{i=1}^{m} |a_{ij}| \right\}$，$a_{ij}$ 是矩阵 $A$ 的元素。

要求：

（1）方程的系数矩阵、常数向量均从文件中读入。

（2）定义求解线性方程组 $Ax=B$ 的函数，要求该函数能求解任意阶线性方程组。具体方法可参考有关计算方法方面的文献资料。

（3）在主函数中调用函数求解。

分析：可以参考 $n \times n$ 矩阵求逆的程序。采用高斯—约当全选主元法，算法思路如下：

首先输入 $n \times n$ 阶矩阵 $A$，接着对于 $k$ 从 $0 \sim n-1$，从第 $k$ 行、第 $k$ 列开始的右下角子阵中选取绝对值最大的元素，并记住此元素所在的行号和列号，再通过行交换和列交换将它交换到主元素位置上。这一步称为全选主元。方法为：

a(k,k)=1/a(k,k)      /* 主元素取倒数作为新的主元素 */
a(k,j)=a(k,j)*a(k,k),j=0,1,...,n-1,j≠k      /* k 行非主元素都乘以主元素 */
a(i,j)=a(i,j)-a(i,k)*a(k,j),i,j=0,1,...,n-1,i,j≠k
 /* 非 k 行 k 列的值减去其相应的行 k 列与相应列 k 行值的乘积 */
a(i,k)=-a(i,k)*a(k,k),i=0,1,...,n-1,i≠k      /* 非 k 列的值乘以主元素再取反*/

最后，根据在全选主元过程中所记录的行、列交换的信息进行恢复。恢复的原则如下：在全选主元过程中，先交换的行（列）后进行恢复；原来的行（列）交换用列（行）交换来恢复。

程序如下：

```c
#include <stdio.h>
#include <stdlib.h>
#include <math.h>
#define MAX 255
void MatrixMul(double a[],double b[],int m,int n,int k,double c[])
/* 实矩阵相乘 */
/* m: 矩阵 A 的行数, n: 矩阵 B 的行数, k:矩阵 B 的列数 */
/* a 为 A 矩阵, b 为 B 矩阵, c 为结果, 即 c=AB */
{
  int i,j,l,u;
  /*逐行逐列计算乘积*/
  for(i=0;i<=m-1;i++)
    for(j=0;j<=k-1;j++)
    {
      u=i*k+j;
      c[u]=0.0;
      for(l=0;l<=n-1;l++)
        c[u]=c[u]+a[i*n+l]*b[l*k+j];
    }
    return;
}
int brinv(double a[],int n)
/* 求矩阵的逆矩阵,n: 矩阵的阶数,a: 矩阵 A */
{
  int *is,*js,i,j,k,l,u,v;
  double d,p;
  is=malloc(n*sizeof(int));
  js=malloc(n*sizeof(int));
  for(k=0;k<=n-1;k++)
  {
    d=0.0;
    for(i=k;i<=n-1;i++)
      /*全选主元, 即选取绝对值最大的元素*/
      for(j=k;j<=n-1;j++)
```

```
      {
        l=i*n+j;
        p=fabs(a[l]);
        if (p>d)
        {
          d=p;is[k]=i;js[k]=j;
        }
      }
/*全部为 0，此时为奇异矩阵*/
if (d+1.0==1.0)
{
  free(is);
  free(js);
  printf(" >> This is a singular matrix, can't be inversed!\n");
  return(0);
}
  /*行交换*/
  if (is[k]!=k)
    for(j=0;j<=n-1;j++)
    {
      u=k*n+j;v=is[k]*n+j;
      p=a[u];a[u]=a[v];a[v]=p;
    }
  /*列交换*/
  if (js[k]!=k)
    for(i=0;i<=n-1;i++)
    {
      u=i*n+k;v=i*n+js[k];
      p=a[u];a[u]=a[v];a[v]=p;
    }
  l=k*n+k;
  /*求主元的倒数*/
  a[l]=1.0/a[l];
  for(j=0;j<=n-1;j++)
      if (j!=k)
      {
        u=k*n+j;a[u]=a[u]*a[l];
      }
      for(i=0;i<=n-1;i++)
          if (i!=k)
              for(j=0;j<=n-1;j++)
                  if (j!=k)
                  {
                    u=i*n+j;
                    a[u]=a[u]-a[i*n+k]*a[k*n+j];
                  }
                  for(i=0;i<=n-1;i++)
                      if (i!=k)
                      {
                        u=i*n+k;
```

```
                                a[u]=-a[u]*a[l];
                            }
        }
        for(k=n-1;k>=0;k--)
        {
          if (js[k]!=k)
             for(j=0;j<=n-1;j++)
             {
                u=k*n+j;v=js[k]*n+j;
                p=a[u];a[u]=a[v];a[v]=p;
             }
            /*恢复行*/
            if (is[k]!=k)
              for(i=0;i<=n-1;i++)
              {
                u=i*n+k;v=i*n+is[k];
                p=a[u];a[u]=a[v];a[v]=p;
              }
        }
        free(is);
        free(js);
        return(1);
}
/*输出方阵 a 的元素*/
void print_matrix(double a[],int n)
{
    int i,j;
    for(i=0;i<n;i++)
    {
        for(j=0;j<n;j++)
            printf("%13.7f\t",a[i*n+j]);
        printf("\n");
    }
}
void main()
{
    int i,n=0;
    double A[MAX],B[MAX],C[MAX];
    while(n<=0)
    {
      printf(" >> Please input the order n of the matrix (n>0): ");
      scanf("%d",&n);
    }
    printf(" >> Please input the elements of the matrix one by one:\n >> ");
    for(i=0;i<n*n;i++)
    {
      scanf("%lf",&A[i]);
      B[i]=A[i];
    }
    i=brinv(A,n);
```

```
  if (i!=0)
  {
    printf("    Matrix A:\n");
    print_matrix(B,n);
    printf("\n");
    printf("    A's Inverse Matrix A-:\n");
    print_matrix(A,n);
    printf("\n");
    printf("    Product of A and A- :\n");
    MatrixMul(B,A,n,n,n,C);
    print_matrix(C,n);
  }
  printf("\n Press any key to quit...");
}
```

3. 学生成绩管理程序。编写一个菜单驱动的学生成绩管理程序。要求如下：

（1）能输入并显示 $n$ 个学生的 $m$ 门课程的成绩、总分和平均分。

（2）按总分由高到低进行排序。

（3）任意输入一个学号，能显示该学生的姓名、各门课程的成绩。

程序如下：

```
#include <stdio.h>
#include <string.h>
#include <stdlib.h>
#define STU_NUM 40              /* 最多的学生人数 */
#define COURSE_NUM 10           /* 最多的考试科目 */
struct student
{
  int number;                   /* 每个学生的学号 */
  char name[10];                /* 每个学生的姓名 */
  int score[COURSE_NUM];        /* 每个学生 m 门课程的成绩 */
  int sum;                      /* 每个学生的总成绩 */
  float average;                /* 每个学生的平均成绩 */
};
typedef struct student STU;
void AppendScore(STU *head,int n,int m)
/* 向结构体数组添加学生的学号、姓名和成绩等信息 */
/* head 指向存储学生信息的结构体数组的首地址 */
/* n 表示学生人数，m 表示考试科目 */
{
  int j;
  STU *p;
  for(p=head;p<head+n;p++)
  {
    printf("\nInput number:");
    scanf("%d",&p->number);
    if (p->number>0)
    {
      printf("Input name:");
      scanf("%s",p->name);
```

```
          for(j=0;j<m;j++)
          {
             printf("Input score%d:",j+1);
             scanf("%d",p->score+j);
          }
       }
       else
       {
          printf("student's number Input error!\n");
          exit (1);
       }
    }
}
void PrintScore(STU *head,int n,int m)
/* 输出 n 个学生的学号、姓名和成绩等信息 */
/* head 指向存储学生信息的结构体数组的首地址 */
/* n 表示学生人数，m 表示考试科目 */
{
    STU  *p;
    int  i;
    char str[100]={'\0'},temp[3];
    strcat(str,"Number    Name ");
    for(i=1;i<=m;i++)
    {
       strcat(str,"Score");
       itoa(i,temp,10);
       strcat(str,temp);
       strcat(str," ");
    }
    strcat(str,"    sum  average");
    /* 输出表头 */
    printf("%s",str);
    /* 输出 n 个学生的信息 */
    for(p=head;p<head+n;p++)
    {
       printf("\nNo.%3d%8s",p->number,p->name);
       for(i=0;i<m;i++)
       {
          printf("%7d",p->score[i]);
       }
       printf("%11d%9.2f\n",p->sum,p->average);
    }
}
void  TotalScore(STU *head,int n,int m)
/* 计算每个学生的 m 门功课的总成绩和平均成绩 */
/* head 指向存储学生信息的结构体数组的首地址 */
/* n 表示学生人数，m 表示考试科目 */
{
    STU *p;
    int i;
```

```
    for(p=head;p<head+n;p++)
    {
        p->sum=0;
        for(i=0;i<m;i++)
        {
            p->sum=p->sum+p->score[i];
        }
        p->average=(float)p->sum/m;
    }
}
void  SortScore(STU *head,int n)
/* 用选择法按总成绩由高到低排序 */
/* head 指向存储学生信息的结构体数组的首地址 */
/* n 表示学生人数 */
{
    int i,j,k;
    STU temp;
    for(i=0;i<n-1;i++)
    {
        k=i;
        for(j=i;j<n;j++)
        {
            if ((head+j)->sum>(head+k)->sum)
            {
                k=j;
            }
        }
        if (k!=i)
        {
            temp=*(head+k);
            *(head+k)=*(head+i);
            *(head+i)=temp;
        }
    }
}
int SearchNum(STU *head,int num,int n)
/* 查找学生的学号 */
/* head 指向存储学生信息的结构体数组的首地址 */
/* num 表示要查找的学号，n 表示学生人数 */
/*  函数返回值：如果找到学号，则返回它在结构体数组中的位置，否则返回-1 */
{
    int i;
    for(i=0;i<n;i++)
    {
        if ((head+i)->number==num)     return i;
    }
    return -1;
}
void SearchScore(STU *head,int n,int m)
/* 按学号查找学生成绩并显示查找结果 */
```

```
/* head 指向存储学生信息的结构体数组的首地址 */
/* n 表示学生人数，m 表示考试科目 */
/*  函数返回值: 无 */
{
   int number,findNo;
   printf("Please Input the number you want to search:");
   scanf("%d",&number);
   findNo=SearchNum(head,number,n);
   if (findNo==-1)
   {
     printf("\nNot found!\n");
   }
   else
   {
     PrintScore(head+findNo,1,m);
   }
}
char Menu(void)
/* 显示菜单并获得用户键盘输入的选项 */
{
   char ch;
   printf("\nManagement for Students' scores\n");
   printf(" 1.Append   record\n");
   printf(" 2.List     record\n");
   printf(" 3.Search   record\n");
   printf(" 4.Sort     record\n");
   printf(" 0.Exit\n");
   printf("Please Input your choice:");
   /*在%c 前面加一个空格，将存于缓冲区中的回车符读入*/
   scanf(" %c",&ch);
   return ch;
}
void main()
{
   char ch;
   int m,n;
   STU stu[STU_NUM];
   memset(stu,0,sizeof(stu));
   printf("Input student number and course number(n<40 m<10):");
   scanf("%d %d",&n,&m);
   while(1)
   {
     ch=Menu();                     /* 显示菜单，并读取用户输入 */
     switch(ch)
     {
       case'1':
         AppendScore(stu,n,m);   /* 调用成绩添加模块 */
         TotalScore(stu,n,m);
         break;
       case'2':
```

```
        if (stu[0].number>0)
            PrintScore(stu,n,m);              /* 调用成绩显示模块 */
        else
            printf("Not found student's number!\n");
        break;
    case'3':
        SearchScore(stu,n,m);                /* 调用按学号查找模块 */
        break;
    case'4':
        SortScore(stu,n);                    /* 调用成绩排序模块 */
        printf("\nSorted result\n");
        PrintScore(stu,n,m);                 /* 显示成绩排序结果 */
        break;
    case'0':
        exit(0);
        printf("End of program!");           /* 退出程序 */
        break;
    default:
        printf("Input error!");
        break;
    }
    }
}
```

4. 堆栈是一种数据结构。它的工作原理类似于弹匣：子弹从一端压入，从同一端射出。后压入的子弹先射出，先压入的子弹后射出，即遵循"后进先出"规则。堆栈结构可用链表实现。设计一个链表结构，其中包含两个成员：一个存放数据，一个存放指向下一个结点的指针。当有新数据要放入堆栈时，称为"压栈"，这时动态建立一个链表的结点，并将其连接到链表的末尾；当从堆栈中取出一数据时，称为"出栈"，这意味着从链表最末结点取出该结点的数据成员，然后删除该结点，释放其所占内存。堆栈不允许在链表中间添加、删除结点，只能在链表的末尾添加和删除结点。试用链表方法实现堆栈结构。

程序如下：

```c
#include <stdio.h>
#include <stdlib.h>
struct stack
{
    int data;
    struct stack *next;
};
typedef struct stack STACK;
STACK *head,*pr;
int nodeNumber=0;
STACK *CreateNode(int num)
/* 生成一个新的结点，并为该结点赋初值，函数返回指向新的结点的指针*/
/* num: 要给新结点赋的初值 */
{
    STACK *p;
    /* 动态申请一段内存 */
    p=(STACK *)malloc(sizeof(STACK));
```

```
   if (p==NULL)
   {
      printf("No enough memory to alloc");
      exit(0);
   }
   p->next=NULL;                    /* 为新建的结点指针域赋空指针 */
   p->data=num;                     /* 为新建的结点数据区赋值 */
   return p;
}
void PushStack(int num)
/* 压栈函数, 函数返回指向链表新结点的指针 */
/* num: 要保存到栈里的数据 */
{
   if (nodeNumber==0)               /* 如果是第一个结点, 保留该结点首地址在 head 中 */
   {
      head=CreateNode(num);
      pr=head;
      nodeNumber++;
   }
   else                             /* 不是第一个结点, 将新建结点连到链表的结尾处 */
   {
      pr->next=CreateNode(num);
      pr=pr->next;
      nodeNumber++;
   }
}
int PopStack(void)
/* 弹出堆栈, 函数返回当前堆栈中存储的数据 */
{
   STACK *p;
   int result;
   p=head;
   for(;;)
   {
      if (p->next==NULL)            /* 查找最后一个结点 */
         break;
      else
      {
         pr=p;                      /* 记录最后一个结点的前一个结点的地址 */
         p=p->next;
         nodeNumber--;
      }
   }
   if (nodeNumber==0) return -1;  /* 如果是最后一个结点, 返回错误代码 */
   pr->next=NULL;                    /* 将最后一个结点的前一个结点的地址的指针域赋空指针 */
   result=p->data;
   free(p);
   return result;
}
void main()
```

```
{
  int pushNum[10]={111,222,333,444,555,666,777,888,999,10000};
  int popNum[10];
  int i;
  for(i=0;i<10;i++)
  {
    PushStack(pushNum[i]);
    printf("Push %dth Data : %d\n",i,pushNum[i]);
  }
  for(i=0;i<10;i++)
  {
    popNum[i]=PopStack();
    printf("Pop %dth Data : %d\n",9-i,popNum[i]);
  }
}
```

5. 八皇后问题。将八个皇后棋子放在一个 8×8 国际象棋棋盘上，要求每两个皇后不能处在同一行、同一列或者 45°斜线上。一个完整无冲突的八皇后棋子分布称为八皇后问题的一个解，编写程序实现八皇后问题的所有可能输出。

分析：采用回溯也即逐次试探的方法解决该问题。首先在棋盘第一行摆放第一个皇后，然后依次在第二行第三行摆放第二个第三个皇后，每摆放一个皇后都必须判断其位置是否合法，如果合法，则递归摆放下一个皇后，如果不合法，则在本行下一个位置尝试，若所有位置尝试失败，则先取掉该皇后，重新摆放上一个皇后的位置。也即如果第 $n$ 个皇后摆放失败，则向上回溯，重新摆放第 $n-1$ 个皇后的位置。直到所有皇后摆放完毕，此即八皇后问题的其中一解，输出该解。当递归调用条件不成立时，则所有可能解全部被输出。

程序如下：

```
#include <stdio.h>
#include <string.h>
#include <math.h>
#define MAX 8
/* 一维数组 chess_board[i]，其中用索引 i 代表皇后所在的行，chess_board[i]代表皇后所在的列，索引 i 也代表第 i 个皇后*/
int chess_board[MAX+1];
int counter;
int trial(int n)
/* 判定棋盘第 n 个皇后位置是否合法 。判断第 n 个皇后是否合法需和前 n-1 个皇后逐行比较 */
{
  int prior,i;
  for(prior=n-1;prior>=1;prior--)
  {
    /* 两皇后是否在同列 */
    if (chess_board[prior]==chess_board[n])
      return 0;
    /* 如果行差等于列差，则两皇后在对角线位置 */
    if ((n-prior)==abs(chess_board[n]-chess_board[prior]))
      return 0;
  }
  /*所有皇后被摆放，则输出结果 */
```

```
    if (n==MAX)
    {
        counter++;
        printf("方法%d:\t",counter);
        for(i=1;i<=MAX;i++)
            printf("(%d,%d) ",i,chess_board[i]);
        printf("\n");
    }
    return 1;
}
void search_position(int n)
/* 以第 n 行为初始摆放行，以此为条件依次摆放第 n+1、n+2、……行 */
{
    int position;
    for(position=1;position<=MAX;position++)
    {
        /* 将第 n 个皇后摆在第 n 行 position 列 */
        chess_board[n]=position;
        /* 如果摆放位置合法，且不是最后一行，则寻找下一行皇后的摆放位置 */
        if (trial(n)&&n<MAX)
            search_position(n+1);
    }
}
void main(void)
{
    search_position(1);
}
```

## 四、实验思考

1. 在文件中有 200 个正整数，且每个数均在 1 000～9 999 之间。要求编写一个函数实现按每个数的后 3 位大小进行升序排列，如果后 3 位的数值相等，则按原先的数值进行降序排列，然后取出满足此条件的前 10 个数依次输出到另一文件中。

2. 编程实现从文件中读取 10 对 $m$、$k$（$m$、$k$ 均为正整数），求大于 $m$ 且紧靠 $m$ 的 $k$ 个素数，并将结果输出到文件中。例如若输入 17、5，则输出为 19、23、29、31、37。

3. 已知在文件中存有 100 个产品的销售记录，每个产品销售记录由产品代码 dm、产品名称 mc、单价 dj、数量 sl 和金额 je 四个部分组成。其中金额=单价×数量。要求编写一个函数实现按产品代码从大到小进行排序，若产品代码相同，则按金额从大到小排序，最后将排序的结果输出到另一文件中。

4. 编程实现一个运动会的分数统计。参加运动会有 $n$ 所学校，学校编号为 1～$n$。比赛分成 $m$ 个男子项目和 $w$ 个女子项目。项目编号为男子 1～$m$，女子 $m$+1～$m$+$w$。不同的项目取前五名或前三名积分。取前五名积分分别为：7、5、3、2、1；前三名积分分别为：5、3、2。哪些取前五名或前三名由输入者自己设置（$m$≤20，$n$≤20，$w$≤20）。姓名和学校长度均不超过 20 个字符。考虑用单向链表实现。

5. 编程实现两个超长正整数（大于 10 位）的加法运算。采用一个带有表头结点的环形链表来表示一个非负的超长整数，如果从低位开始为每个数字编号，则第 1～4 位、第 5～8 位、第 9～

12 位……的每 4 位组成的数字，依次存放在链表的第 1 个、第 2 个、第 3 个、……、第 n 个结点中，不足 4 位的高位数字存放在链表的最后一个结点中，表头结点的值规定为–1。例如，超长整数"123456789012345"可用下面的环形链表来表示。

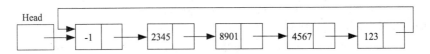

6. 骑士巡游问题。给出一块 $n \times n$ 棋盘，一位骑士从初始位置（x0,y0）开始，按照象棋中"马走日字"的规则在棋盘上移动。问能否在 $n^2-1$ 步内遍历棋盘上的所有位置，即每个格子刚好游历一次，如果能，请找出这样的游历方案。

7. 教学管理系统。学生信息包括学生的班级代号、学号和姓名，选课信息包括每个学生该学期所选课程，成绩包括每个学生所选的课程的考核成绩。系统功能要求如下：

（1）能输入学生信息、选课信息和成绩。

（2）能输出各班的某门课程不及格的名单（含学号、姓名和成绩）。

（3）能输出某门课程全年级前 5 名的学号、姓名和成绩。

（4）能输出某门课程每个班的总平均分（从高到低排列）。

（5）能输出某门课程某班的成绩单（按学号排列)。

8. 通讯录管理程序。通讯录要求存储姓名、性别、工作单位、住宅电话、移动电话、办公电话、E-mail 地址等内容。系统功能要求如下：

（1）通讯录记录按姓名排序存放，显示时每屏不超过 20 个记录，超过时分屏显示。

（2）增加某人的通讯录。

（3）修改某人的通讯录。

（4）删除某人的通讯录。

（5）按多种方式查询符合条件的信息。

（6）用文件存储数据。

# 第二部分

## 程序设计方法

# 第 3 章　常用算法设计方法

算法（Algorithm）是计算机解题的方法和步骤。算法设计是学习高级语言程序设计的难点，也是学习的重点。初学者普遍感到困难的是，碰到一个问题后不知从何下手，难以建立起明确的编程思路。针对这一普遍问题，本章根据教学基本要求，将常见的程序设计问题分为累加与累乘问题、数字问题、数值计算问题、数组的应用和函数的应用等5类，分别总结每一类程序设计问题的思路，以引导读者掌握基本的程序设计方法和技巧。

## 3.1　累加与累乘问题

累加与累乘问题是最典型、最基本的一类算法，实际应用中很多问题都可以归结为累加与累乘问题。先看累加问题。

累加的数学递推式为：

$S_0 = 0$

$S_i = S_{i-1} + X_i$（$i = 1,2,3,\cdots$）

其含义是第 $i$ 次的累加和 $S$ 等于第 $i-1$ 次时的累加和 $S$ 加上第 $i$ 次时的累加项 $X$。从循环的角度讲，即是本次循环的 $S$ 值等于上一次循环时的 $S$ 值加上本次循环的 $X$ 值，这可用下列赋值语句来实现：

$S=S+X$

显然，上述赋值语句重复执行若干次后，$S$ 的值即若干个数之和。

特例 1　当 $X_i$ 恒为 1 时，即 $S_i = S_{i-1}+1$，$S$ 用于计数。

特例 2　当 $X_0 = 0$，且 $X_i = X_{i-1}+1$（$i = 1,2,3,\cdots,N$）时，$S$ 为 $1 + 2 + 3 + \cdots + N$ 的值。

再看累乘问题，其数学递推式为：

$P_0 = 1$

$P_i = P_{i-1} * X_i$（$i = 1,2,3,\cdots$）

其含义是第 $i$ 次的累乘积 $P$ 等于第 $i-1$ 次时的累乘积 $P$ 乘以第 $i$ 次时的累乘项 $X$。从循环的角度讲，即是本次循环的 $P$ 值等于上一次循环时的 $P$ 值乘以本次循环的 $X$ 值，这可用下列赋值语句来实现：

$P=P*X$

显然，上述赋值语句重复执行若干次后，$P$ 的值即若干个数之积。

特例 1　当 $X_1=X_2=\cdots=X_{N-1}=X_N=X$ 时，$P$ 的值为 $X^N$。

特例 2　当 $X_0=0$，且 $X_i=X_{i-1}+1$（$i=1,2,3,\cdots,N$）时，$P$ 的值为 $N!$。

递推问题常用迭代方法来处理，即赋值语句 S=S+X 或 P=P*X 循环执行若干次。相应的算法设计思路是：

（1）写出循环体中需要重复执行的部分。这一部分要确定两个内容，一是求每次要累加或累乘的数，二是迭代关系 S=S+X 或 P=P*X。

（2）确定终止循环的方式。一般有事先知道循环次数的计数循环和事先不知道循环次数的条件循环两种方式，依具体情况而定。计数循环可用一个变量来计数，当达到一定循环次数后即退出循环。条件循环可根据具体情况确定一个循环的条件，当循环条件不满足时即退出循环。

（3）确定循环初始值，即第一次循环时迭代变量的值。

（4）重新检查，以保证算法正确无误。

一般而言，这一类问题的算法 N-S 图如图 3-1 所示。

| 赋初值 | | |
| --- | --- | --- |
| 当循环条件满足时 | | |
| | 求累加项 X | |
| | S=S+X | |
| 输出 | | |

图 3-1　累加问题 N-S 图

【例 3.1】已知 $s=\sum\limits_{i=1}^{N}\dfrac{2}{(4i-3)(4i-1)}$，分别求：

（1）当 $n$ 取 1 000 时，$s$ 的值。

（2）$s<0.78$ 时的最大 $n$ 值和与此时 $n$ 值对应的 $s$ 值。

（3）$s$ 的值，直到累加项小于 $10^{-4}$ 为止。

分析：第（1）种情况属于循环次数已知的循环结构，不难画出其 N-S 图，如图 3-2（a）所示。第（2）、（3）两种情况属于循环次数未知的循环结构，根据图 3-1 的流程图框架得到流程图分别如图 3-2（b）和图 3-2（c）所示。

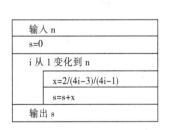

（a）第（1）种情况

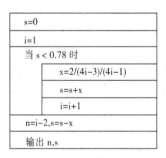

（b）第（2）种情况

（c）第（3）种情况

图 3-2　求 $s$ 值的 N-S 图

根据上述 N-S 图不难分别写出如下所示的程序代码。

程序（1）：

```c
#include <stdio.h>
void main()
{
    int i,n;
    double x,s=0;
    printf("请输入 n 的值:");
```

```
  scanf("%d",&n);
  for(i=1;i<n+1;i++)
  {
    x=2.0/(4*i-3)/(4*i-1);
    s+=x;
  }
  printf("s=%lf\n",s);
}
```

程序运行结果如下:

请输入 n 的值:1000✓
s=0.785273

程序（2）:

```
#include <stdio.h>
void main()
{
  int i=1;
  float S=0.0;
  float copyS=0.0;
  while(S<0.78)
  {
    copyS=S;
    S+=2.0/(4.0*i-3.0)/(4.0*i-1.0);
    i++;
  }
  printf("When the n equals to %d,the S is %f.\n",i-2,copyS);
}
```

程序运行结果如下:

When the n equals to 23, the S is 0.779964.

程序（3）:

```
#include <stdio.h>
void main()
{
  int i=1;
  double x,s=0;
  x=2.0/(4.0*i-3.0)/(4.0*i-1.0);
  for(;x>=1e-4;)
  {
    s+=x;
    i++;
    x=2.0/(4.0*i-3.0)/(4.0*i-1.0);
  }
  printf("s=%lf\n",s);
}
```

程序运行结果如下:

s=0.781827

【例 3.2】已知 $S = \sum\limits_{i=1}^{N} \dfrac{\sin(x_i + y_i)}{1 + \sqrt{x_i\,y_i}}$ ，从键盘输入 $N$ 的值，求 $S$ 的值。

其中 $x_i = \begin{cases} i\ (i\text{为奇数}) \\ \dfrac{i}{2}\ (i\text{为偶数}) \end{cases}$ ， $y_i = \begin{cases} i^2\ (i\text{为奇数}) \\ i^3\ (i\text{为偶数}) \end{cases}$ 。

程序如下：

```c
#include <stdio.h>
#include <math.h>
void main()
{
  int i=0,N=0;
  float xi,yi,S=0.0;
  scanf("%d",&N);
  for(i=1;i<=N;i++)
  {
    if(i%2==0)
      {xi=i/2; yi=i*i*i;}
    else
      {xi=i; yi=i*i;}
    S+=sin(xi+yi)/(1.0+sqrt(xi*yi));
  }
  printf("When N=%d, the S=%f\n",N,S);
}
```

程序运行结果如下：

```
30✓
When N=30,the S=0.375001
```

【例 3.3】求 $y = f(1) + f(2) + \cdots + f(n)$ ，其中 $f(n) = (-1)^n \sqrt{2n^2 + 1}$ 。

（1）当 $n=50$ 时，$y$ 的值是多少？

（2）当 $n=100$ 时，$y$ 的值是多少？

程序如下：

```c
#include <stdio.h>
#include <math.h>
void main()
{
  int n,i;
  double y=0.00,j=-1;
  scanf("%d", &n);
  for(i=1;i<n+1;i++)
  {
    y+=j*sqrt(2.0*i*i+1.0);
    j*=-1;
  }
  printf("y=%lf\n",y);
}
```

程序运行结果如下：

```
50✓
y=35.145424
100✓
y=70.499022
```

【例 3.4】输入 $x$ 的值，按下列算式计算 $\cos x$：

$$\cos x = 1 - \frac{x^2}{2!} + \frac{x^4}{4!} - \frac{x^6}{6!} + \cdots$$

直到最后一项的绝对值小于 $10^{-5}$ 为止。

程序如下：

```c
#include <stdio.h>
#include <math.h>
#define LIMIT 1e-5
#define PI 3.1415926
double Rank(int);
void main()
{
  double x=0.0,cosx=0.0,copyx=0.0;
  int j=0,i=0;
  scanf("%lf",&x);
  copyx=x;
  x=x*PI/180.0;
  do
  {
    if (j%2==0)
      cosx+=(double)pow(x,i)/Rank(i);
    else
      cosx-=(double)pow(x,i)/Rank(i);
    i+=2;
    j++;
  }while(fabs((double)pow(x,i)/(double)Rank(i))>=LIMIT);
  printf("When x=%lf,the cosx=%lf\n",copyx,cosx);
}
double Rank(int n)
{
  if(n==0)
    return 1.0;
  else
    return(double)n*Rank(n-1);
}
```

程序运行结果如下：

```
47✓
When x=47.00000,the cosx=0.681993
```

# 3.2　数　字　问　题

数字问题主要研究整数的一些自身性质与相互关系。处理过程中常常要用到求余数、分离数字及判断整除等技巧，务必熟练掌握。

（1）判断一个整数 $m$ 能否被另一个整数 $n$ 整除。

方法 1：若 $m\%n$ 的值为 0，则 $m$ 能被 $n$ 整除，否则不能。

方法 2：若 $m-m/n*n$ 的值为 0，则 $m$ 能被 $n$ 整除，否则不能。

（2）分离自然数 $m$ 各位的数字。

$m\%10$ 的值是 $m$ 的个位数字，$m/10\%10$ 的值是 $m$ 的十位数字，依此类推，可以得到 $m$ 的更高位数字。

数字问题的提法往往是求某一范围内符合某种条件的数。这一类问题的算法设计思路如下：

（1）考虑判断一个数是否满足条件的算法。有时可以直接用一个关系表达式或逻辑表达式来判断，如判断奇数、偶数。但更多的情况无法直接用一个条件表达式来判断，这时可根据定义利用一个循环结构进行判断，例如判断一个数是否为素数。

（2）在指定范围内重复执行"判断一个数是否满足条件"的程序段，从而求得指定范围内全部符合条件的数。这里用的方法是穷举。

一般而言，这一类问题的算法 N-S 图如图 3-3 所示。

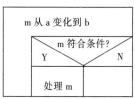

图 3-3　数字问题 N-S 图

【例 3.5】考察[1000,2000]范围内的全部素数，求：

（1）最小的素数。

（2）由小到大第 100 个素数。

（3）全部素数之和。

程序如下：

```c
#include <stdio.h>
void main()
{
  int i,j,count=0;long s=0;
  for(i=1000;i<2001;i++)
  {
    for(j=2;j<i;j++)
      if (i%j==0) break;
    if (j==i)
    {
      count++;
      if(count==1) printf("最小素数是%d\n",i);
      if(count==100) printf("第100个素数是%d\n",i);
      s+=i;
    }
  }
  printf("素数和是%ld\n",s);
}
```

程序运行结果如下：

```
最小素数是 1009
第 100 个素数是 1721
素数和是 200923
```

【例 3.6】若两个素数之差是 2，则称这两个素数是一对孪生数。例如，3 和 5 是一对孪生数。求[2,500]区间内：

（1）孪生数的对数。

（2）最大的一对孪生数。

程序如下：

```
#include <stdio.h>
int IsPrime(int);
void main()
{
  int n,count=0,twin;
  for(n=3;n<=497;n++,n++)
    if (IsPrime(n) && IsPrime(n+2))
      { count++;twin=n; }
  printf("The numeber of twins prime is %d.\n",count);
  printf("The bigest numeber of twins prime is %d and %d.\n",twin,twin+2);
}
int IsPrime(int n)
{
  int i;
  for(i=2;i<n;i++)
    if (n%i==0) return 0;
  return 1;
}
```

程序运行结果如下：

```
The numeber of twins prime is 24.
The bigest numeber of twins prime is 461 and 463.
```

【例 3.7】若正整数 N 的所有因子之和等于 N 的倍数，则称 N 为红玫瑰数。如 28 的因子之和为 1+2+4+7+14+28=56=28*2，故 28 是红玫瑰数。求：

（1）[1,700]之间最大的红玫瑰数。

（2）[1,700]之间有多少个红玫瑰数。

程序如下：

```
#include <stdio.h>
void main()
{
  int i,j,sum,count=0,maxRose=0;
  for(i=1;i<=700;i++)
  {
    sum=0;
    for(j=1;j<=i;j++)
      if(i%j==0) sum+=j;
    if(sum%i==0) {maxRose=i;count++;}
```

```
}
  printf("The maximal red rose number is %d.\n",maxRose);
  printf("There are %d groups red rose numbers.\n",count);
}
```

程序运行结果如下：

```
The maximal red rose number is 672.
There are 6 groups red rose numbers.
```

【例 3.8】求[2,1000]范围内因子（包括 1 和该数本身）个数最多的数及其因子个数。

程序如下：

```
#include <stdio.h>
void main()
{
  int i,j,count,num,maxFactor=0;
  for(i=2;i<=1000;i++)
  {
    count=0;
    for(j=1;j<=i;j++)
      if((i%j)==0) count++;
    if(count>maxFactor)
    {
      maxFactor=count;
      num=i;
    }
  }
  printf("The number %d has the maximal factors %d.\n",num,maxFactor);
}
```

程序运行结果如下：

```
The number 840 has the maximal factors 32.
```

# 3.3  数值计算问题

数值计算是"计算方法"课程研究的对象，主要研究如何用计算机来求一些数学问题的数值解。目前数值计算方法已趋于完臻和成熟，许多问题都有了现成的算法或软件包。详细内容可参阅数值分析或计算方法方面的文献或直接使用有关软件，如 MATLAB 科学计算软件。

【例 3.9】用牛顿迭代法求方程 $f(x)=0$ 在 $x=x_0$ 附近的实根。直到$|x_n-x_{n-1}| \leqslant \varepsilon$ 为止。

牛顿迭代公式为：

$$x_n = x_{n-1} - \frac{f(x_{n-1})}{f'(x_{n-1})}$$

分析：本质上讲，这属于递推问题，采用迭代方法不难得到图 3-4 所示的算法。

设 $f(x)=x^2-a$，则迭代公式为：

$$x_n = \frac{1}{2}\left(x_{n-1} + \frac{a}{x_{n-1}}\right)$$

图 3-4  牛顿迭代法求方程的根

显然此时方程的根即 $\sqrt{a}$ ，利用此迭代公式可以求 $\sqrt{a}$ 的近似值。

假定取 $x_0=a/2$ ， $\varepsilon =10^{-4}$ ，程序如下：

```c
#include <stdio.h>
#include <math.h>
void main()
{
  int n=0;
  double a,x,x1;
  printf("输入 a 的值:");
  scanf("%lf",&a);
  x=a/2.0;
  x1=(x+a/x)/2.0;
  while(fabs(x1-x)>=1e-4)
  {
    n=n+1;
    x=x1;
    x1=(x+a/x)/2.0;
  }
  printf("x=%lf\n",x1);
}
```

程序运行结果如下：

```
输入 a 的值:3∠
x=1.732051
```

【例 3.10】求 $S = \int_{a}^{b} f(x)\mathrm{d}x$ 之值。

算法一：矩形法。根据定积分的几何意义，将积分区间[a, b]n
等分， n 个小的曲边梯形面积之和即定积分的近似值。矩形法用
小矩形代替小曲边梯形，求出各小矩形面积，然后将其累加。所
以本质上讲这是一个累加问题，算法如图 3-5 所示。

也可以先找出求几个小矩形面积之和的公式，然后根据公式
编写程序。

$S=S_1+S_2+\cdots+S_n$

$\quad =hf(a)+hf(a+h)+\cdots+hf[a+(n-1)h]$

$\quad = h\sum_{i=1}^{n} f[a+(i-1)h]$

其中 $h = \dfrac{b-a}{n}$ 。

显然这是一个累加问题，不难设计算法。

求 $s = \int_{-1}^{1} \sqrt{1-x^2}\,\mathrm{d}x$ 的程序如下：

```c
#include <stdio.h>
#include <math.h>
float f(float x)
{
```

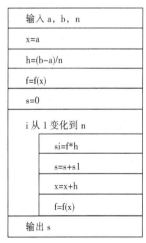

| 输入 a，b，n |  |  |
| --- | --- | --- |
| x=a |  |  |
| h=(b-a)/n |  |  |
| f=f(x) |  |  |
| s=0 |  |  |
| i 从 1 变化到 n |  |  |
|  | si=f*h |  |
|  | s=s+s1 |  |
|  | x=x+h |  |
|  | f=f(x) |  |
| 输出 s |  |  |

图 3-5　矩形法求定积分

```
    return sqrt(1-x*x);
}
void main()
{
  int i;
  float sum=0.0,a,b,h;
  int n;
  scanf("%f%f%d",&a,&b,&n);
  h=(b-a)/n;
  for(i=1; i<=n; i++)
     sum+=h*f(a+(i-1)*h);
  printf("The integral is %f\n",sum);
}
```

程序运行结果如下：

```
-1 1 100↙

The integral is 1.569134
```

算法二：梯形法。梯形法用小梯形代替小曲边梯形。

第一个小梯形的面积为： $S_1 = \dfrac{f(a+h)+f(a)}{2} \cdot h$

第二个小梯形的面积为： $S_2 = \dfrac{f(a+2h)+f(a+h)}{2} \cdot h$

......

第 $i$ 个小梯形的面积为： $S_i = \dfrac{f(a+ih)+f[a+(i-1)h]}{2} \cdot h$

......

第 $n$ 个小梯形的面积为： $S_n = \dfrac{f(a+(n-1)h)+f(b)]}{2} \cdot h$

本质上讲这也是一个累加问题。也可以先找出求几个小梯形面积代数和的公式，然后根据此式设计算法。

$$S=S_1+S_2+\cdots+S_n = h \cdot \dfrac{f(a)+f(b)}{2} + h \cdot \sum_{i=1}^{n-1} f(a+ih)$$

根据上式，求 $S=\displaystyle\int_{-1}^{1}\sqrt{1-x^2}\,\mathrm{d}x$ 的程序如下：

```
#include <stdio.h>
#include <math.h>
float f(float x)
{
  return sqrt(1-x*x);
}
void main()
{
  int n,i;
  float a,b,h,s;
```

```
  scanf("%f%f%d",&a,&b,&n);
  h=(b-a)/n;
  s=h*(f(a)+f(b))/2;
  for(i=1;i<n;i++)
     s+=h*f(a+i*h);
   printf("The integral is %f\n",s);
}
```

程序运行结果如下：

```
-1 1 100↙
The integral is 1.569134
```

# 3.4　数组的应用

【例 3.11】已知

$$\begin{cases} F_0 = F_1 = 0 \\ F_2 = 1 \\ F_n = F_{n-1} - 2F_{n-2} + F_{n-3} \qquad (n > 2) \end{cases}$$

求在 $F_0 \sim F_{100}$ 中：

（1）负数的个数。

（2）1888 是第几项（约定 $F_0$ 是第 0 项，$F_1$ 是第 1 项）。

利用数组，编写程序如下：

```
#include <stdio.h>
void main()
{
  int i,negativeNum=0;
  double F[101]={0,0,1};
  for(i=3; i<101; i++)
  {
   F[i]=F[i-1]-2*F[i-2]+F[i-3];
   if (F[i]<0) negativeNum++;
   if (F[i]==1888) printf("1888 是第%d 项\n", i);
  }
  printf("There are %d negative numbers together.\n",negativeNum);
}
```

程序运行结果如下：

```
1888 是第 29 项
There are 50 negative numbers together.
```

【例 3.12】有 $n$ 个同学围成一个圆圈做游戏，从某人开始编号（编号为 1～$n$），并从 1 号同学开始报数，数到 $t$ 的同学被取消游戏资格，下一个同学（第 $t+1$ 个）又从 1 开始报数，数到 $t$ 的同学便第二个被取消游戏资格，如此重复，直到最后一个同学被取消游戏资格，求依次被取消游戏资格的同学编号。

程序如下：

```
#include <stdio.h>
#define nmax 50               /*n 的最大值*/
void main()
```

```
{
  int i,k,m,n,t,num[nmax],*p;
  scanf("%d%d",&n,&t);
  p=num;
  for(i=0;i<n;i++)  *(p+i)=i+1;
  i=k=m=0;
  while(m<n)
  {
    if(*(p+i)!=0)  k++;
    if(k==t)
    {
      printf("%d is left\n",*(p+i));
      *(p+i)=0;
      k=0;
      m++;
    }
    i++;
    if(i==n)  i=0;
  }
}
```

程序运行结果如下：

```
7 3↙
3 is left
6 is left
2 is left
7 is left
5 is left
1 is left
4 is left
```

【例 3.13】有一篇文章，包括 5 行，每行有 40 个字符，要求统计全文中大写字母 A～Z 出现的次数。

分析：这是一个分类统计问题，容易想到的算法是采用多分支选择结构来统计出不同类别数据的个数，但当类别很多时，这样做十分烦琐。较为简便的办法是采用数组作分类统计，首先根据不同的类别来找到分类号，然后以分类号作为数组的下标，采取按分类号对号入座的方法，从而省去条件判断。

考虑到 26 个字母在 ASCII 码表中是连续排列的，求任一字母 ch 所对应的分类号 $k$ 的表达式可以写成：

$k$=ch 的 ASCII 码-字母 A 的 ASCII 码 + 1

显然 ch 等于 A 时，$k$ 的值为 1；ch 等于 B 时，$k$ 的值为 2；……；ch 等于 Z 时，$k$ 的值为 26。用 num 数组来作分类统计，下标变量 num(1)、num(2)、…、num(26)分别统计字母 A、B、…、Z 的个数。

程序如下：

```
#include <stdio.h>
void main()
{
  char str[40],ch;
```

```
int num[26],i,j,k;
for(i=0;i<26;i++)
  num[i]=0;
for(i=1;i<=5;i++)
{
   scanf("%s",str);
   for(j=0;j<40;j++)
   {
     ch=str[j];
     if (ch=='\0') break;
     if (ch>='A' && ch<='Z')
     {
       k=ch-'A';
       num[k]=num[k]+1;
     }
   }
}
for(i=0;i<26;i++)
printf("%c 出现的次数: %d\n",'A'+i,num[i]);
}
```

【例 3.14】采用变化的冒泡排序法将 $n$ 个数按从大到小的顺序排列: 对 $n$ 个数, 从第一个直到第 $n$ 个, 逐次比较相邻的两个数, 大者放前面, 小者放后面, 这样得到的第 $n$ 个数是最小的, 然后对前面 $n-1$ 个数, 从第 $n-1$ 个到第 1 个, 逐次比较相邻的两个数, 大者放前面, 小者放后面, 这样得到的第 1 个数是最大的。对余下的 $n-2$ 个数重复上述过程, 直到按从大到小的顺序排列完毕。

程序如下:

```
#include <stdio.h>
void main()
{
  int a[11],i,high,low,temp;
  for(i=1;i<11;i++) scanf("%d",&a[i]);
  low=1;
  high=10;
  while(low<high)
  {
    for(i=low;i<high;i++)
      if(a[i]<a[i+1])
      {
        temp=a[i];
        a[i]=a[i+1];
        a[i+1]=temp;
      }
    high--;
    if(low<high)
    {
      for(i=high;i>=low+1;i--)
      if(a[i]>a[i-1])
      {
        temp=a[i];
        a[i]=a[i-1];
        a[i-1]=temp;
      }
```

```
        low++;
      }
    }
  for(i=1;i<11;i++) printf("%d\t",a[i]);
}
```

# 3.5  函数的应用

【例3.15】已知 $y=\dfrac{f(40)}{f(30)+f(20)}$，当 $f(n)=1\times 2+2\times 3+3\times 4+\cdots+n\times(n+1)$ 时，求 $y$ 的值。

程序如下：
```
#include <stdio.h>
int f(int);
void main()
{
  double y=0.0;
  y=(double)f(40)/(double)(f(30)+f(20));
  printf("The result is %lf\n",y);
}
int f(int n)
{
  int i,sum=0;
  for(i=1;i<=n;i++)
     sum+=i*(i+1);
  return sum;
}
```
程序运行结果如下：
```
The result is 1.766154
```
【例3.16】一个数为素数，且依次从低位去掉1位、2位、……所得的各数仍都是素数，则称该数为超级素数，例如239。试求[100,9 999]之内：

（1）超级素数的个数。

（2）所有超级素数之和。

（3）最大的超级素数。

程序如下：
```
#include <stdio.h>
int IsPrime(int n);
void main()
{
  int i,count=0,sum=0,max;
  for(i=100;i<=9999;i++)
    {
      if(i>=100 && i<=999)
      {
        if(IsPrime(i) && IsPrime(i/10) && IsPrime(i/100))
        {count++;sum+=i;max=i;}
      }
      else if(IsPrime(i) && IsPrime(i/10) && IsPrime(i/100) && IsPrime(i/1000))
        {count++;sum+=i;max=i;}
    }
```

```
    printf("The number of the super primes is %d.\n",count);
    printf("The summation of the super primes is %d.\n",sum);
    printf("The bigest super prime is %d.\n",max);
}
int IsPrime(int n)
{
  int i;
  if(n==1) return 0;
  for(i=2;i<n;i++)
    if ((n%i)==0) return 0;
  return 1;
}
```

程序运行结果如下：

```
The number of the super primes is 30.
The summation of the super primes is 75548.
The bigest super prime is 7393.
```

【例 3.17】寻求并输出 3 000 以内的亲密数对。亲密数对的定义为：若正整数 $A$ 的所有因子（不包括 $A$）之和为 $B$，$B$ 的所有因子（不包括 $B$）之和为 $A$，且 $A \neq B$，则称 $A$ 与 $B$ 为亲密数对。

程序如下：

```
#include <stdio.h>
int FactorSum(int);
void main()
{
  int i=2;
  for(i=2;i<=3000;i++)
    if(i==FactorSum(FactorSum(i)) && i != FactorSum(i))
      printf("%d and %d is the close number group.\n",i,FactorSum(i));
}
int FactorSum(int n)
{
  int i,sum=0;
  for(i=1;i<n;i++)
    if((n%i)==0) sum+=i;
  return sum;
}
```

程序运行结果如下：

```
220 and 284 is the close number group.
284 and 220 is the close number group.
1184 and 1210 is the close number group.
1210 and 1184 is the close number group.
2620 and 2924 is the close number group.
2924 and 2620 is the close number group.
```

# 3.6　解不定方程

　　方程的个数少于未知数的个数称为不定方程，这类方程没有唯一解，而有多组解。对于这类问题无法用解析法求解，只能用所有可能的解一个一个地去试，看其是否满足方程，如满足就是方程的解，这里用的方法是穷举法。

【例 3.18】求不定方程组：

$$\begin{cases} x+y+z=20 \\ 25x+20y+13z=400 \end{cases}$$

的全部正整数解。

程序如下：

```
#include <stdio.h>
void main()
{
  int x,y,z=0;
  for(x=1;x<=18;x++)
    {
      for(y=1;y<=18;y++)
      {
        z=20-x-y;
        if ((25*x+20*y+13*z)==400)
          {
            printf("The result is ");
            printf("x=%d,y=%d,z=%d\n",x,y,z);
          }
      }
    }
}
```

程序运行结果如下：

```
The result is x=7,y=8,z=5
```

【例 3.19】求满足 $\begin{cases} A \cdot B=716\,699 \\ A+B\text{最小} \end{cases}$ 的 $A$ 和 $B$。

程序如下：

```
#include <stdio.h>
#include <math.h>
void main()
{
  int a,b,s=716699,A,B;
  for(a=1;a<=sqrt(716699);a+=2)
  {
    if (716699%a==0)
    {
      b=716699/a;
      if (s>a+b)
      {
        s=a+b;
        A=a;
        B=b;
      }
    }
  }
  printf("A,B分别为：%d,%d\n",A,B);
}
```

程序运行结果如下：

```
A,B分别为：563,1273
```

# 思　考　题

1. 求 $Z = \sum\limits_{i=1}^{N}\left(X_i - Y_i\right)^2$ 的值（ $N$ 的值从键盘输入）。

   其中 $X = \begin{cases} i & (i\text{为奇数}) \\ \dfrac{i}{2} & (i\text{为偶数}) \end{cases}$，$Y_i = \begin{cases} i^2 & (i\text{为奇数}) \\ i^3 & (i\text{为偶数}) \end{cases}$。

   （1）当 $N$ 取 10 时，求 $Z$ 的值。

   （2）当 $N$ 取 15 时，求 $Z$ 的值。

2. 已知 $y = 1 + \dfrac{1}{2} + \dfrac{1}{4} + \cdots + \dfrac{1}{2n}$，求：

   （1） $y>4$ 时的最小 $n$ 值。

   （2）与（1）的 $n$ 值对应的 $y$ 值。

3. 已知 $y = \dfrac{e^{0.3x} - e^{-0.3x}}{2} \cdot \sin(x + 0.3)$

   （1）当 $x$ 取 $-2.00$ 时，求 $y$ 的值。

   （2）当 $x$ 取 $-3.0$、$-2.9$、$-2.8$、$\cdots$、$2.9$、$3.0$ 时，求各点 $y$ 值之和。

4. 已知 $e^x = 1 + X + \dfrac{X^2}{2!} + \dfrac{X^3}{3!} + \cdots + \dfrac{X^n}{N!}$，若 $X$ 取 0.5，$N$ 取 100，则 $e^x$ 的值是多少？

5. 求 $S_n = a + aa + aaa + \cdots + \underbrace{aa\cdots a}_{n\text{个}a}$ 的值。其中 $a$ 为 $1\sim9$ 之间一个整数。

   （提示：累加项的递推关系为 $x_n = x_{n-1} * 10 + a$ ）

6. 若一个正整数有偶数个不同的真因子，则称该数为幸运数。如 4 有两个真因子 1 和 2，故 4 是幸运数。求[2,100]之间全部幸运数之和。

7. 若两个连续自然数的乘积减 1 是素数，则称这两个连续自然数是和谐数对，该素数是和谐素数。例如，2*3-1=5，由于 5 是素数，所以 2 和 3 是和谐数对，5 是和谐素数。求[2,50]区间内：

   （1）和谐数对的对数。

   （2）与上述和谐数对对应的所有和谐素数之和。

8. 已知 24 有 8 个因子：1、2、3、4、6、8、12、24，而 24 正好能被 8 整除，求[1,100]之间：

   （1）有多少个整数能被其因子的个数整除？

   （2）符合（1）的最大整数。

   （3）符合（1）的所有整数之和。

9. 梅森尼数是指 $2^n-1$ 为素数的数 $n$，求[1,21]内：

   （1）有多少个梅森尼数?

   （2）最大的梅森尼数。

   （3）次大的梅森尼数。

10. 倒勾股数是满足公式：

$$\frac{1}{A^2} + \frac{1}{B^2} = \frac{1}{C^2} \qquad (A>B>C)$$

的 3 个整数 $A$、$B$、$C$，求：

（1）$A$、$B$、$C$ 之和小于 100 的倒勾股数有多少组？

（2）在（1）中 $A$、$B$、$C$ 之和最小的是哪组？

11. 满足下列两个条件：

（1）千位数字与百位数字相同（非 0），十位数字与个位数字相同。

（2）是某两位数的平方。

的四位正整数称为四位平方数。例如，由于：$7744=88^2$，所以称 7744 为四位平方数。求出：

（1）所有四位平方数的数目。

（2）所有四位平方数之和。

12. 用迭代法求 $y = \sqrt[3]{x}$ 的值。$x$ 由键盘读入。利用下列迭代公式计算：

$$y_{n+1} = \frac{2}{3}y_n + \frac{x}{3y_n^2}$$

初始值 $y_0=x$，误差要求 $\varepsilon = 10^{-4}$。

13. 用牛顿迭代法求方程 $e^{-x} - x = 0$ 在 $x=-2$ 附近的一个实根，直到满足 $|x_{n+1} - x_n| \leqslant 10^{-6}$ 为止。

（1）求方程的根。

（2）求当迭代初值为 –2 时的迭代次数。

14. 已知 $f(t) = \sqrt{\cos t + 4\sin(2t) + 5}$，求 $s = \int_0^{2\pi} f(t)\mathrm{d}t$。

（1）将积分区间 100 等分，利用矩形法求 $s$。

（2）将积分区间 100 等分，利用梯形法求 $s$。

15. 已知 $g(x) = \dfrac{f(f(x)+1)}{f(x)+f(2x)}$，其中 $f(t) = \begin{cases} \dfrac{t}{1+\dfrac{t}{2}} & 1 \leqslant t \leqslant 10 \\ 2t^2 + 3t - 5 & \text{其他} \end{cases}$，求：

（1）$g(2.5)$ 的值。

（2）$g(17.5)$ 的值。

16. 一个自然数是素数，且它的数字位置经过任意对换后仍为素数，则称为绝对素数。例如 13。试求所有两位绝对素数。

17. 求方程 $3x - 7y = 1$，在 $|x| \leqslant 100$，$|y| \leqslant 50$ 内的整数解。

（1）共有多少组整数解？

（2）在上述各组解中，$|x|+|y|$ 的最大值是多少？

（3）在上述各组解中，$x+y$ 的最大值是多少？

18. 求满足以下条件的 $x$、$y$、$z$。

（1）$x^2 + y^2 + z^2 = 51^2$。

（2）$x+y+z$ 之值最大。

（3）$x$ 最小。

# 参 考 答 案

1. （1）1304735

  （2）11841724

2. （1）227

  （2）4.002183

3. （1）0.6313470

  （2）19.162470

4. 1.648721

5. 略

6. 384

7. （1）28

  （2）21066

8. （1）16

  （2）96

  （3）686

9. （1）7

  （2）19

  （3）17

10. （1）2

  （2）20，15，12

11. （1）1

  （2）7744

12. 略

13. （1）0.5671433

  （2）6

14. （1）13.2612500

  （2）13.2612500

15. （1）0.4043919

  （2）272.841100

16. 11，13，17，31，37，71，73，79，97

17. （1）29

  （2）143

  （3）137

18. x=22，y=31，z=34

# 第 4 章 程序测试与调试

程序设计是一种创造性的活动，尤其是大型程序的设计要求由多人，经过需求分析、总体设计、详细设计、编码等一系列的活动才能完成。在这些活动中，出现错误是难免的，所以程序测试是保证程序质量的关键步骤。通过测试发现程序中的错误，然后找出错误的原因和位置并加以改正，这就是程序调试的目的。本章介绍程序测试与调试的一般方法。

## 4.1 程 序 测 试

测试就是用精心设计的数据去运行程序，从而发现程序中的错误。一般地说，程序测试的基本方法有两种：黑盒法与白盒法。

（1）黑盒测试（Black box testing）也称为功能测试。它只着眼于程序的外部特性，即程序能满足哪些功能。测试程序能否正确接收输入，并能否得到正确的输出结果。这种测试不考虑程序的内部逻辑结构。衡量测试数据设计的好坏是看它们能测试程序的哪些功能。

（2）白盒测试（White box testing）也称为结构测试。它着眼于程序的内部结构，是对程序的各个逻辑路径进行测试，在不同点上检查程序的状态，看它的实际状态与预期的状态是否一致。测试数据设计的好坏在于它能够覆盖程序逻辑路径的程度。

一般说来，在制定测试方案时，若对程序要实现的功能是已知的，就可以采用黑盒测试法；若对程序内部的逻辑结构已知，就可以采用白盒测试法。但是，这两种测试法都不可能进行完全测试。正如荷兰的 E. W. Dijkstra 教授所说，"测试只能说明程序有错，不能证明程序无错"。对黑盒测试来说，要进行完全测试，必须使用穷举输入测试，即把所有可能的输入数据都作为测试数据全部测试一次，才能得到完全测试，但这是难以实现的。使用白盒法选择测试数据，为了做到完全测试，要把程序中每条可能的通路都执行一次，即使对很小的程序，通常也做不到这一点。由于程序完全测试的不可能性，所以测试阶段要考虑的基本问题是：使用有限个测试数据，尽可能多发现一些错误。

测试阶段应该注意以下基本原则：

（1）测试用例应该由输入数据和预期的输出结果两部分组成。这就是说，在执行程序之前应该对期望的输出有明确的描述，这样可在测试后将程序的输出同其仔细地对照检查。

（2）测试用例不仅要选择合理的输入数据，还应选用不合理的输入数据。许多人往往只注意前者而忽略了后一种情况，为了提高程序的可靠性，输入数据不合理的各种情况是应该认真检查的。

（3）除了检查程序是否做了应做的工作之外，还应检查程序是否做了不应做的事。

（4）应该长期保留所有的测试用例，以便再测试时使用。

测试阶段又分为如下步骤：

（1）模块测试。又称单元测试，检查每个模块是否有错误，主要用于发现详细设计阶段的错误。

（2）组装测试。又称综合测试，检查模块之间接口的正确性，主要用于发现概要设计阶段的错误。

（3）确认测试。检查程序系统是否满足用户的功能要求，主要用于发现需求分析阶段的错误。

# 4.2  程 序 调 试

程序经过测试暴露许多错误，还必须进一步诊断错误的原因和位置，进而改正程序中的错误，这就是程序调试的任务。也就是说，调试过程中由两个步骤组成，首先根据错误的迹象，确定错误的准确位置，然后仔细研究这段程序以确定问题的原因并设法加以改正。其中第一步所需要的工作量是主要的，因此，程序调试重点是如何确定程序错误的位置。

有人把问题的外部现象称为错误，把问题的内在原因称为故障。使用这个术语，在测试暴露一个错误之后，进行调试以确定与之相联系的故障。一旦确定了故障的位置，则修改源程序以便排除这个故障。为了确定故障，可能需要进行某些诊断测试，在排除故障之后，为了保证故障确实被排除了，错误确实消失了，需要重复进行暴露这个错误的原始测试以及某些回归测试。如果所做的改正是无效的，则重复上述过程直到找到一个有效的解决办法。

程序调试是程序设计过程中一项重要的任务。调试开始时，仅仅面对着错误的征兆，然而在问题的外部现象和内在原因之间并没有明显的联系。在组成源程序的诸多元素（语句、数据结构等）中，每一个都可能是错误的根源。如何在众多的程序元素中找出有错误的那个元素，这是调试过程中最关键的技术问题。

## 4.2.1  错误诊断的实验方法

程序中的错误有时是十分隐蔽的。为了找到这些错误，首先要捕获一些与错误有关的线索，然后确定错误的原因和位置。下面介绍几种常用的错误诊断的实验方法。这些方法也常常联合起来使用。

### 1. 利用系统信息

程序上机运行，编译系统会在程序有错时给出信息。可以根据这些信息来找到程序中的错误并改正它们。

（1）编译过程中的错误

编译错误是编译源程序时发现的语法错误。例如，C 中的保留字拼写错误、用户未定义变量或定义错误、没有正确使用规定的格式符号、选择结构或循环结构不完整或不匹配等。编译时，编译系统把源程序检查一遍后，对语法错误会输出一系列的错误信息，用户可以根据这些错误信息分析错误性质和原因，并进行相应修改。以 VC 6.0 为例，错误信息的形式为：

文件名(行号)：错误代码：错误内容

例如：

`D:\ppp.c(6) : error C2143: syntax error : missing ';' before 'if'`

表示在 D:\ppp.c 文件的第 6 行处有一个 C2143 错误：在"if"之前漏了一个分号。

除了错误信息之外，编译系统还可能出现警告信息（warning）。如果程序编译时只出现警告信息而没有出现错误信息，程序仍可以运行，虽不违反 C 的语法规则，但也可能存在某种潜在的错误。例如，在程序中没有给变量 y 赋初值，但引用了 y 的值，编译时出现警告信息：

`D:\ppp.c(4) : warning C4700: local variable 'y' used without having been initialized`

这时 y 的值是不确定的，当然就不能引用。

对于警告信息也应给予足够的重视，要分析出现的原因，针对不同情况区别对待。

要注意的是，有时源程序中一个含糊的错误会引起编译程序的连锁反应，产生多处错误信息，在这种情况下，往往只需纠正一个错误即可。例如，若程序中数组说明语句有错，这时，那些与该数组有关的程序行都会被编译系统检查出错。在这种情况下，只要修改了数组说明语句的错误，其余错误就会同时消失。如果有多处错误，要一个个地修改，修改一处编译一次。此外，错误信息中给出的错误行号定位不是绝对的，只能理解为错误和该行相关。

（2）连接过程中的错误

在连接过程中要涉及到模块之间以及模块与系统之间的关系。如果程序中有库函数调用或各模块之间的调用等方面的错误，连接程序就会显示错误信息。

（3）运行过程中的错误

虽然经过编译和连接过程中的调试已排除了程序中的一些错误，但并不能说程序就一定能正确运行了。程序运行时可能还有错误，需要继续调试。

程序运行中的错误大体上可以归纳为两类，一类是运行程序时计算机系统给出错误信息，这类错误比较多的是与数据的输入输出格式以及文件操作有关；另一类错误则表现为运行时系统不正常或运行结果不正确，如程序不能正常结束、没有任何输出结果或输出结果与预期不一致等。

程序运行时不能得到正确的结果。这种情况一般是在程序设计中出现了逻辑错误。这种错误，系统无法自动检测，也没有错误提示信息。因此不容易判断和处理，只能通过对程序进行测试来验证结果的正确性。如果出现逻辑错误，则应对程序的算法进行检查。对源程序进行修改后，重新编译、连接和运行。

**2. 插入调试语句**

除了利用系统给出的信息进行分析、判断之外，还要采取一些调试手段。常用的方法是在程序中插入一些调试语句。

常用的调试语句有以下几种。

（1）设置状态变量

在每个模块中设置一个状态变量，程序进入该模块时，便给该状态变量一个特殊值，根据各状态变量的值，可以判定程序活动的大致路径。

（2）设置计数器

在每个模块或基本结构中设置一个计数器，程序每进入该结构一次，便计数一次。这样，不仅可以判断程序的路径，而且当程序中有死循环时，用这种方法便能很快确定。

（3）插入输出语句

输出语句是最常用的一种调试语句。输出语句用起来非常方便，能产生许多有用的信息。输出语句有以下几种用法：

① 把输出语句放在紧靠读语句（或输入语句）之后、模块入口处或调用语句前后。可以帮助检查数据有没有被正确地输入或接口处信息传递是否正确。

② 为提供程序执行的路径信息而设置输出语句。这些输出语句通常设置在模块首部或尾部、调用语句前后、循环结构内的第一个语句或最后一个语句、紧靠循环结构的后面第一个语句、分支点之前或分支中的第一个语句。

③ 选择一些可疑点设置输出语句，以便输出有关变量的值。

### 3．强制技术

强制技术就是利用调试用例，迫使程序逐个通过所有可能出现的执行路径，系统地排除无错的程序分支，逐步缩小检查的范围。

### 4．借助调试工具

可以利用语言处理程序提供的调试工具进行单步、追踪运行。

## 4.2.2　错误诊断的推理技术

程序调试没有固定的方法，更多的是需要经验。下列基本的推理技术是有用的。

### 1．归纳法排错

归纳法排错是从特殊推及一般的排错方法，即首先汇集线索（所使用的测试用例及其结果、错误征兆等），经过整理，找出那些测试数据在什么地方、什么时候、能引起什么现象，然后对这些结论进行分析、归纳，提出错误原因及位置假想，最后再设计新的测试用例去验证这些假想。若能验证，便可以对照源程序找出错误原因，并对错误定位；若无法验证，说明假想错误或有多种错误，应提出新的假想，重新验证。

### 2．演绎法排错

演绎法排错是枚举所有可能引起出错的原因作为假设，然后逐一排除不可能发生的原因与假设，将余下的原因作为主攻方向。

应当指出的是，错误诊断的实验方法与推理技术应结合使用，互相补充。推理是在取得一定的实验数据的基础上进行的，推理得出的假设要靠实验证明，并取得新的数据，把搜索范围缩小。

## 4.2.3　错误修改的原则

以下原则是很重要的，但经常会被遗忘和忽略。

（1）要勤于思考。程序调试是分析问题、解决问题的过程，培养调试程序的能力，最有效的方法是勤于思考、积极分析、不断总结。

（2）如果陷于困境，可以考虑把问题放到第二天去解决。若在适当的时间内（小程序半小时，大程序几个小时）找不到错误，则不要再考虑下去，隔一段时间可能灵机一动就解决了这个问题。

（3）陷于困境以后，要与别人交谈自己的问题。可能在交谈的过程中会突然找到问题所在，或许别人的提示对自己有很大的启发。

（4）避免用试验法。不要在问题没有搞清楚之前，就改动程序，这样对找出错误不利，程序可能会越改越乱，甚至于面目全非。

# 4.3　Visual C++ 6.0 程序调试

VC 6.0 设计了一个非常方便的程序调试环境，在调试程序时可以选择调试命令或工具对程序进行调试。下面介绍几种调试程序的方法。

### 1. 程序执行过程中暂停执行，以便观察中间结果

方法 1：使程序执行到光标所在的那一行暂停。在需暂停的行上单击鼠标，定位光标。然后选择 Build|Start Debug|Run to Cursor 菜单项或按【Ctrl+F10】组合键，程序在执行到光标所在行后会暂停。如果把光标移动到后面的某个位置，再按【Ctrl+F10】组合键，程序将从当前的暂停点继续执行到新的光标位置，第二次暂停，如图 4-1 所示。

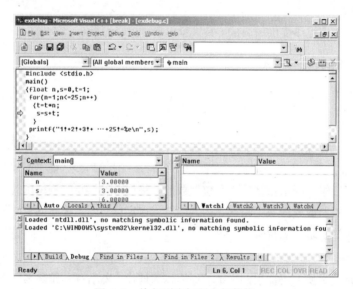

图 4-1　执行到光标所在行暂停

方法 2：在需暂停的行上设置断点。在需设置断点的行上单击鼠标，定位光标。然后单击编译工具栏（Build MiniBar）中最右面的按钮或按【F9】键，如图 4-2 所示。

被设置了断点的行前面会有一个红色圆点标志。

不管是通过光标位置还是断点设置，其所在的程序行必须是程序执行的必经路线，亦即不应该是选择结构中的

Insert/Remove Breakpoint(F9)

图 4-2　设置断点

语句，因为该语句在程序执行中受到条件判断的限制，有可能因条件的不满足而不被执行。这时程序将一直执行到结束或下一个断点才停止。

**2．设置需观察的结果变量**

按照上面的操作，使程序执行到指定位置时暂停，目的是查看有关的中间结果。在图 4-1 中，左下角窗口中系统自动显示了有关变量的值，其中 n、s、t 的值分别是 3、3、6。图中左侧的箭头表示当前程序暂停的位置。如果还想增加观察变量，可在图中右边的 Name 文本框中输入相应变量名。

**3．单步执行**

当程序执行到某个位置时发现结果不正确，说明在此之前肯定有错误存在。如果能确定一小段程序可能有错，先按上面步骤暂停在该小段程序的头一行，再输入若干个查看变量，然后单步执行，即一次执行一行语句，逐行检查下来，看看到底是哪一行造成结果出现错误，从而确定错误的语句并加以改正。

设置光标暂停或断点后，选择 Build|Start Debug|Go 菜单项或按【F5】键，进入调试状态，Build 菜单项变成 Debug 菜单项。选择 Debug|Step Over 菜单项或按【F10】键，如图 4-3 所示。如果遇到自定义函数调用，想进入函数进行单步执行，可单击 Step Into 按钮或按【F11】键。如果想结束函数的单步执行，可单击 Step Out 按钮或按【Shift+F11】组合键。对不是函数调用的语句来说，【F11】键与【F10】键的作用相同。

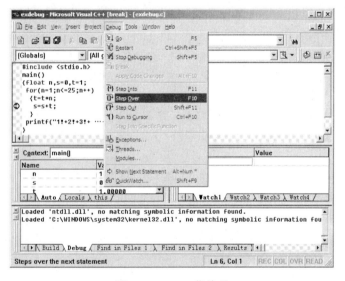

图 4-3　Debug 菜单项

**4．断点的使用**

使用断点也可以使程序暂停。但一旦设置了断点，不管是否还需要调试程序，每次执行程序都会在断点上暂停。因此调试结束后应取消所定义的断点。方法是先把光标定位在断点所在行，再单击编译工具栏中最右面的按钮或按【F9】键，该操作是一个开关，按一次是设置，按两次是取消设置。如果有多个断点想全部取消，可选择 Edit | Breakpoints 菜单项，屏幕上会显示 Breakpoints 对话框，如图 4-4 所示，对话框下方列出了所有断点，单击 Remove All 按钮即可取消所有断点。

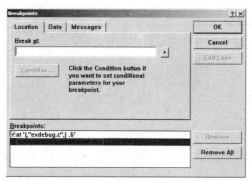

图 4-4　Breakpoints 对话框

断点通常用于调试较长的程序，可以避免使用 Run to Cursor（运行程序到光标处暂停）或【Ctrl+F10】功能时，经常要把光标定位到不同的地方。而对于程序行数较多时，要寻找某位置并不太方便。

如果一个程序设置了多个断点，按一次【Ctrl+F5】组合键会暂停在第一个断点，再按一次【Ctrl+F5】组合键会继续执行到第二个断点暂停，依次执行下去。

### 5. 停止调试

选择 Debug 菜单中的 Stop Debugging 菜单项或按【Shift+F5】组合键可以结束调试，回到正常的运行状态。

# 第三部分

# 习 题 选 解

# 第 **5** 章 概 述

**一、选择题**

1. 以下不是 C 语言特点的是（    ）。
   A. C 语言简洁、紧凑，使用方便、灵活
   B. C 语言能进行位操作，可直接对硬件进行操作
   C. C 语言具有结构化的控制语句
   D. C 语言中没有运算符

2. 以下叙述不正确的是（    ）。
   A. 一个 C 源程序可由一个或多个函数组成
   B. 一个 C 源程序必须包含一个 main 函数
   C. 在 C 程序中，一行只能写一个语句
   D. 在 C 程序中，注释说明对程序功能不产生影响

3. 一个 C 语言程序是由（    ）。
   A. 一个主程序和若干子程序组成　　　　B. 函数组成
   C. 若干过程组成　　　　　　　　　　　D. 若干子程序组成

4. C 编译程序是（    ）。
   A. 将 C 源程序编译成目标程序的程序　　B. 一组机器语言指令
   C. 将 C 源程序编译成应用软件的程序　　D. C 程序的机器语言版本

5. 以下说法中正确的是（    ）。
   A. C 语言程序总是从第一个函数开始执行
   B. C 语言程序中，要调用的函数必须在 main 函数中定义
   C. C 语言程序总是从 main 函数开始执行
   D. C 语言程序中的 main 函数必须放在程序的开始部分

6. 以下叙述中正确的是（    ）。
   A. 构成 C 程序的基本单位是函数
   B. C 语言编译时不检查语法错误
   C. main 函数必须放在其他函数之前
   D. 所有被调用的函数一定要在调用之前进行定义

7. 以下叙述中正确的是（　　　　）。

    A. C 语言比其他语言高级

    B. C 语言可以不用编译就能被计算机识别执行

    C. VC 6.0 环境下既能运行 C 程序，也能运行 C++程序

    D. C 语言出现得最晚，具有其他语言的一切优点

8. 在一个 C 程序中（　　　　）。

    A. main 函数必须出现在所有函数之前　　　　B. main 函数可以在任何地方出现

    C. main 函数必须出现在所有函数之后　　　　D. main 函数必须出现在固定位置

9. 以下叙述中正确的是（　　　　）。

    A. C 程序中注释部分可以出现在程序中任意合适的地方

    B. 花括号 "{" 和 "}" 只能作为函数体的定界符

    C. 构成 C 程序的基本单位是函数，所有函数名都可以由用户命名

    D. 分号是 C 语句之间的分隔符，不是语句的一部分

10. 用 C 语言编写的程序（　　　　）。

    A. 可立即执行　　　　　　　　　　　　　　B. 是一个源程序

    C. 经过编译即可执行　　　　　　　　　　　D. 经过编译解释才能执行

## 二、填空题

1. 在采用结构化程序设计方法进行程序设计时，_____是程序的灵魂。

2. 算法是_____。

3. 算法的 5 个特性为：有穷性、_____、_____、_____和有效性。

4. 程序的 3 种基本结构是_____、_____和_____，它们的共同特点是_____。

5. 应用程序 hello.c 中只有一个函数，这个函数的名称是_____。

6. 在一个 C 源程序中，注释的分界符分别是_____。

7. 一个 C 程序有且仅有一个_____函数。

8. 在 C 语言中，输入操作是由库函数_____完成的，输出操作是由库函数_____完成的。

9. 通过文字编辑建立的源程序文件的扩展名是_____；编译后生成的目标程序文件，扩展名是_____；连接后生成的可执行程序文件，扩展名是_____；运行得到结果。

10. C 语言程序的基本单位是_____。

11. C 语言程序的语句结束符是_____。

12. 上机运行一个 C 程序，要经过_____步骤。

# 参 考 答 案

## 一、选择题

1. D     2. C     3. B     4. A     5. C

6. A     7. C     8. B     9. A     10. B

## 二、填空题

1. 算法

2. 为解决一个问题而采取的方法和步骤

3. 确定性　　有零个或多个输入　　有一个或多个输入

4. 顺序结构　　选择结构　　循环结构　　只有一个入口，只有一个出口，结构内的每一个部分都有机会被执行到，结构内不存在死循环

5. main

6. /*和*/

7. main

8. scanf　　printf

9. .c　　.obj　　.exe

10. 函数

11. ;或分号

12. 编辑、编译、连接、运行

# 第 **6** 章 基本数据类型与运算

## 一、选择题

1. 以下选项中属于 C 语言的数据类型是（　　　）。

    A. 复数型　　　　　　B. 逻辑型　　　　　　C. 双精度型　　　　　D. 集合型

2. C 语言提供的合法的数据类型关键字是（　　　）。

    A. Double　　　　　　B. short　　　　　　C. integer　　　　　D. Char

3. 下列变量定义中合法的是（　　　）。

    A. short _a=1-le-1;　　　　　　　　B. double b=1+5e2.5;

    C. long do=0xfdaL;　　　　　　　　D. float 2_and=1-e-3;

4. 在 C 语言中，合法的长整型常数是（　　　）。

    A. 0L　　　　　　　　　　　　　　B. 4962710

    C. 0.054838743　　　　　　　　　　D. 2.1869e10

5. 下列常数中不能作为 C 语言常量的是（　　　）。

    A. 0xA5　　　　　　B. 2.5e-2　　　　　C. 3e2　　　　　　D. 0582

6. 在 C 语言中，数字 029 是一个（　　　）。

    A. 八进制数　　　　　B. 十六进制数　　　　C. 十进制数　　　　　D. 非法数

7. C 语言中的标识符只能由字母、数字和下划线 3 种字符组成，且第一个字符（　　　）。

    A. 必须为字母　　　　　　　　　　B. 必须为下划线

    C. 必须为字母或下划线　　　　　　D. 可以是字母、数字和下划线中任一种字符

8. 以下不正确的 C 语言标识符是（　　　）。

    A. int　　　　　　　B. a_1_2　　　　　C. ab1exe　　　　　D. _x

9. 以下选项中合法的用户标识符是（　　　）。

    A. \n　　　　　　　B. _2Test　　　　　C. 3Dmax　　　　　D. A.dat

10. 在 C 语言中，错误的 int 类型的常数是（　　　）。

    A. 32768　　　　　　B. 0　　　　　　　C. 037　　　　　　D. 0xAF

11. 以下选项中合法的实型常数是（　　　）。

    A. 5E2.0　　　　　　B. E-3　　　　　　C. .2E0　　　　　　D. 1.3E

12. 在 VC 6.0 环境下执行语句"printf("%x\n",-1);",屏幕显示（　　　）。

    A. -1　　　　　　　B. 1　　　　　　　　C. -ffffffff　　　　　D. ffffffff

13. 在 C 语言中,合法的字符常量是（　　　）。

    A. '\084'　　　　　　B. '\x48'　　　　　　C. 'ab'　　　　　　D. "\0"

14. 下列不正确的转义字符是（　　　）。

    A. '\\'　　　　　　　B. '\"'　　　　　　　C. '074'　　　　　　D. '\0'

15. 下面不正确的字符串常量是（　　　）。

    A. 'abc'　　　　　　B. "12'12"　　　　　C. "0"　　　　　　　D. ""

16. 若有说明语句:

```
char c='\72';
```

    则变量 c（　　　）。

    A. 包含 1 个字符　　　　　　　　　　B. 包含两个字符

    C. 包含 3 个字符　　　　　　　　　　D. 说明不合法,c 的值不确定

17. 已知字母 A 的 ASCII 码为十进制数 65,且 c2 为字符型,则执行语句"c2='A'+'6'-'3';"后,c2 中的值为（　　　）。

    A. D　　　　　　　　B. 68　　　　　　　　C. 不确定的值　　　D. C

18. 若有代数式 $\dfrac{7ae}{bc}$,则不正确的 C 语言表达式是（　　　）。

    A. a/b/c*e*7　　　B. 7*a*e/b/c　　　C. 7*a*e/b*c　　　D. a*e/c/b*7

19. 与数学式 $\dfrac{3x^n}{2x-1}$ 对应的 C 语言表达式是（　　　）。

    A. 3*x^n/(2*x-1)　　　　　　　　B. 3*x**n/(2*x-1)

    C. 3*pow(x,n)*(1/(2*x-1))　　　　D. 3*pow(n,x)/(2*x-1)

20. 若有代数式 $\sqrt{|y^x+\log_{10}y|}$,则正确的 C 语言表达式是（　　　）。

    A. sqrt(fabs(pow(y,x)+log(y)))　　　B. sqrt(abs(pow(y,x)+log(y)))

    C. sqrt(fabs(pow(x,y)+log(y)))　　　D. sqrt(abs(pow(x,y)+log(y)))

21. 设变量 n 为 float 类型,m 为 int 类型,则以下能实现将 n 中的数值保留小数点后两位,第三位进行四舍五入运算的表达式是（　　　）。

    A. n=(n*100+0.5)/100.0　　　　　　B. m=n*100+0.5,n=m/100.0

    C. n=n*100+0.5/100.0　　　　　　　D. n=(n/100+0.5)*100.0

22. 在 C 语言中,要求运算数必须是整型的运算符是（　　　）。

    A. /　　　　　　　　B. ++　　　　　　　C. %　　　　　　　　D. !=

23. 若有定义:

```
int a=7;
float x=2.5,y=4.7;
```

    则表达式"x+a%3*(int)(x+y)%2/4"的值是（　　　）。

    A. 2.500000　　　　B. 2.750000　　　　C. 3.500000　　　　D. 0.000000

24. sizeof(float)是（　　　）。

    A. 一个双精度型表达式　　　　　　　　B. 一个整型表达式

    C. 一个函数调用　　　　　　　　　　　D. 一个不合法的表达式

25. 若有以下定义和语句：

```
char c1='a',c2='f';
printf("%d,%c\n",c2-c1,c2-'a'+'B');
```

    则输出结果是（　　　）。

    A. 2,M　　　　　　　B. 5,!　　　　　　　C. 2,E　　　　　　　D. 5,G

26. 以下能正确地定义整型变量 a、b 和 c 并为其赋初值 5 的语句是（　　　）。

    A. int a=b=c=5,　　B. int a,b,c=5;　　C. int a=5,b=5,c=5;　　D. a=b=c=5;

27. 下列关于单目运算符++、--的叙述中正确的是（　　　）。

    A. 它们的运算对象可以是任何变量和常量

    B. 它们的运算对象可以是 char 型变量和 int 型变量，但不能是 float 型变量

    C. 它们的运算对象可以是 int 型变量，但不能是 double 型变量和 float 型变量

    D. 它们的运算对象可以是 char 型变量、int 型变量和 float 型变量

28. 以下不正确的叙述是（　　　）。

    A. 在 C 程序中，逗号运算符的优先级最低

    B. 在 C 程序中，TOTAL 和 Total 是两个不同的变量

    C. 在 C 程序中，%是只能用于整数运算的运算符

    D. 当从键盘输入数据时，对于整型变量只能输入整型数值，对于实型变量只能输入实型数值

29. 设有说明：

```
double y=0.5,z=1.5;
int x=10;
```

    则能够正确使用 C 语言库函数的表达式是（　　　）。

    A. exp(y)+fabs(x)　　　　　　　　　　B. log10(y)+pow(y)

    C. sqrt(y-z)　　　　　　　　　　　　　D. (int)(atan2((double)x,y)+exp(y−0.2))

30. 若有说明和语句：

```
int a=5;
a++;
```

    则此处表达式 a++的值是（　　　）。

    A. 7　　　　　　　　B. 6　　　　　　　　C. 5　　　　　　　　D. 4

31. 用十进制数表示表达式 12/012 的运算结果是（　　　）。

    A. 1　　　　　　　　B. 0　　　　　　　　C. 14　　　　　　　D. 12

32. 设 x、y、z 和 k 都是 int 型变量，则执行表达式 x=(y=4,z=16,k=32)后，x 的值为（　　　）。

    A. 4　　　　　　　　B. 16　　　　　　　C. 32　　　　　　　D. 52

33. 设有定义 int x=11;，则表达式(x++ * 1/3)的值是（　　　）。

    A. 3　　　　　　　　B. 4　　　　　　　　C. 11　　　　　　　D. 12

34. 已知大写字母 A 的 ASCII 码值是 65，小写字母 a 的 ASCII 码是 97，则用八进制表示的字符常量'\101'是（　　　）。

    A. 字符 A　　　　　　B. 字符 a　　　　　　C. 字符 e　　　　　　D. 非法的常量

35. 设 a 和 b 均为 double 型变量，且 a=5.5，b=2.5，则表达式(int)a+b/b 的值是（　　　）。

    A. 6.500000　　　　　B. 6　　　　　　　　C. 5.500000　　　　　D. 6.000000

## 二、填空题

1. C 程序中的数据有_____和_____之分。用一个标识符代表一个常量，称为_____常量。C 语言规定，变量应做到先_____，后使用。

2. C 语言的基本数据类型包括：_____、_____和_____。

3. C 语言中的实型变量分为两种类型，它们是_____和_____。

4. C 语言中的构造类型有_____类型、_____类型和_____类型 3 种。

5. C 语言中的标识符只能由 3 种字符组成，它们是_____、_____和_____，且第一个字符必须为_____。

6. 负数在计算机中以_____形式表示。

7. 字符串"lineone\x0alinetwo\12"的长度为_____。

8. 将下面的语句补充完整，使得 ch1 和 ch2 都被初始化为字母 D，但要用不同的方法：
```
char ch1=_____;
char ch2=_____;
```

9. 若 x 和 y 都是 double 型变量，且 x 的初值为 3.0，y 的初值为 2.0，则表达式 pow(y,fabs(x))的值为_____。

10. ++和--运算符只能用于_____，不能用于常量或表达式。++和--的结合方向是_____。

11. 若逗号表达式的一般形式是"表达式 1,表达式 2,表达式 3"，则整个逗号表达式的值是_____的值。

12. 逗号运算符是所有运算符中级别最_____的。

13. 假设所有变量均为整型，则表达式(a=2,b=5,a++,b++,a+b)的值为_____。

14. 若有定义：
```
int x=3,y=2;
float a=2.5,b=3.5;
```
则表达式(x+y)%2+(int)a/(int)b 的值为_____。

15. 若 s 为 int 型变量，且 s = 6，则表达式 s%2+(s+1)%2 的值为_____。

16. 设 x 和 y 均为 int 型变量，且 x=1，y=2，则表达式 1.0+x/y 的值为_____。

17. 假设已指定 i 为整型变量，f 为 float 型变量，d 为 double 型变量，e 为 long 型变量，则表达式 10 + 'a'+i*f-d/e 的结果为_____类型。

18. 数学式 $\sin^2 x \cdot \dfrac{x+y}{x-y}$ 写成 C 语言表达式是_____。

19. C 语言的字符常量是用_____括起来的_____个字符，而字符串常量是用_____括起来的_____序列。

20. C 语言规定，在一个字符串的结尾加一个_____标志。

21. C 语言中，字符型数据和_____数据之间可以通用。

22. 字符串"abcke"长度为_____，占用_____个字节的空间。

23. 若有定义：
```
char c='\010';
```
则变量 c 中包含的字符个数为_____。

# 参 考 答 案

## 一、选择题

| | | | | |
|---|---|---|---|---|
| 1. C | 2. B | 3. A | 4. A | 5. D |
| 6. D | 7. C | 8. A | 9. B | 10. A |
| 11. C | 12. D | 13. B | 14. C | 15. A |
| 16. A | 17. A | 18. C | 19. C | 20. A |
| 21. B | 22. C | 23. A | 24. B | 25. D |
| 26. C | 27. D | 28. D | 29. D | 30. C |
| 31. A | 32. C | 33. A | 34. A | 35. D |

## 二、填空题

1. 常量　　变量　　符号　　定义
2. 整型　　实型　　字符型
3. 单精度型或 float　　双精度型或 double
4. 结构体　　共用体　　枚举
5. 字母　　数字　　下划线　　字母或下划线
6. 二进制补码
7. 16
8. 'D'　　68 或 ch1
9. 8.000000
10. 变量　　自右至左
11. 表达式 3
12. 低
13. 9
14. 1
15. 1
16. 1.0
17. double
18. pow(sin(x),2)*(x+y)/(x-y)　或　sin(x)*sin(x)*(x+y)/(x-y)
19. 单撇号　　1　　双撇号　　字符
20. 字符串结束
21. 整型
22. 5　　6
23. 1

# 第 **7** 章 顺序结构程序设计

**一、选择题**

1. 以下不属于流程控制语句的是（　　）。

  A．表达式语句　　　　　B．选择语句　　　　　C．循环语句　　　　　D．转移语句

2. 已知 ch 是字符型变量，则下面不正确的赋值语句是（　　）。

  A．ch='a+b';　　　　B．ch='\xff';　　　　C．ch='7'+'9';　　　　D．ch=7+9;

3. 设以下变量均为 int 类型，则值不等于 7 的表达式是（　　）。

  A．(x=y=6,x+y,x+1)　　　　　　　　B．(x=y=6,x+y,y+1)

  C．(x=6,x+1,y=6,x+y)　　　　　　　D．(y=6,y+1,x=y,x+1)

4. 设有如下的变量定义：

```
int i=8, k, a, b;
unsigned long w=5;
double x=1, 42, y=5.2;
```

  则以下符合 C 语言语法的表达式是（　　）。

  A．a+=a-=(b=4)*(a=3)　　　　　　　B．x%(-3)

  C．a=a*3=2　　　　　　　　　　　　D．y=float(i)

5. 假定有以下变量定义：

```
int k=7,x=12;
```

  则能使值为 3 的表达式是（　　）。

  A．x%=(k%=5)　　　　　　　　　　　B．x%=(k-k%5)

  C．x%=k-k%5　　　　　　　　　　　D．(x%=k)-(k%=5)

6. 以下选项中，与 k=n++完全等价的表达式是（　　）。

  A．k=n,n=n+1　　　　B．n=n+1,k=n　　　　C．k=++n　　　　D．k+=n+1

7. printf 函数中用到格式符"%5s"，其中数字 5 表示输出的字符串占用 5 列。如果字符串长度大于 5，则输出按方式（　　）。如果字符串长度小于 5，则输出按方式（　　）。

  A．从左起输出该字串，右补空格　　　　　B．按原字符长从左向右全部输出

  C．右对齐输出该字串，左补空格　　　　　D．输出错误信息

8. 下列程序运行后的输出结果是（　　　）。

```
#include <stdio.h>
void main()
{
  char x=0xFFFF;
  printf("%d \n",x--);
}
```

    A. –32767　　　　　　B. FFFE　　　　　　C. –1　　　　　　D. –32768

9. 设有如下程序：

```
#include <stdio.h>
void main()
{
  int y=3,x=3,z=1;
  printf("%d %d\n",(++x,y++),z+2);
}
```

    则运行该程序的输出结果是（　　　）。

    A. 3 4　　　　　　B. 4 2　　　　　　C. 4 3　　　　　　D. 3 3

10. 以下合法的赋值语句是（　　　）。

    A. x=y=100　　　　B. d--;　　　　　　C. x+y;　　　　　　D. c=int(a+b)

11. 以下程序的输出结果是（　　　）。

```
#include <stdio.h>
void main()
{
  char c='z';
  printf("%c\n",c-25);
}
```

    A. a　　　　　　　B. Z　　　　　　　C. z–25　　　　　D. y

12. 若变量 a 是 int 类型，并执行了语句 "a='A'+1.6;"，则正确的叙述是（　　　）。

    A. a 的值是字符 C　　　　　　　　　　B. a 的值是浮点型

    C. 不允许字符型和浮点型相加　　　　　D. a 的值是字符'A'的 ASCII 值加上 1。

13. 以下程序段的输出结果是（　　　）。

```
int a=1234;
printf("%2d\n",a);
```

    A. 12　　　　　　　B. 34　　　　　　　C. 1234　　　　　D. 提示出错

14. 若有以下程序段：

```
int m=0xabc,n=0xabc;
m-=n;
printf("%X\n",m);
```

    则运行后的输出结果是（　　　）。

    A. 0X0　　　　　　B. 0x0　　　　　　C. 0　　　　　　　D. 0XABC

15. 设有如下程序段：

```
int x=2002,y=2003;
printf("%d\n",(x,y));
```

则以下叙述中正确的是（　　）。

 A.　输出语句中格式说明符的个数少于输出项的个数，不能正确输出

 B.　运行时产生出错信息

 C.　输出值为 2002

 D.　输出值为 2003

## 二、填空题

1. C 语句分为简单语句、_____ 和 _____。

2. 复合语句是用 _____ 括起来的语句。

3. 使用标准输入输出库函数时，程序的开头要使用预处理命令 _____。

4. 复合语句在语法上被认为是 _____ 条语句。

5. 赋值运算符的作用是将一个数据赋给一个 _____。

6. 若 a 是 int 型变量，则执行表达式 a=25/3%3 后 a 的值为 _____。

7. 若 x 和 n 均是 int 型变量，且 x 和 n 的初值均为 5，则执行表达式 x+=n++后，x 的值为 _____，n 的值为 _____。

8. 若 x 和 a 均是 int 型变量，则执行表达式 "x=(a=4,6*2)" 后的 x 值为 _____，执行表达式 "x=a=4,6*2" 后的 x 值为 _____。

9. 若 a、b 和 c 均是 int 型变量，则执行表达式 "a=(b=4)+(c=2)" 后，a、b、c 的值分别为 _____。

10. 若有定义 "int m=5,y=2;"，则执行表达式 "y+=y-=m*=y" 后 y 的值是 _____。

11. 假设变量 a、b 均为整型，借助中间变量 t 把 a、b 的值互换，语句为 _____。

12. 假设变量 a 和 b 均为整型，不借助任何变量把 a、b 的值互换，语句为 _____。

13. getchar 函数的作用是从终端输入 _____ 个字符。

14. 有一输入函数语句 "scanf("%d",x);"，其不能使 float 类型变量 x 得到正确数值的原因是 _____ 和 _____。scanf 语句的正确形式应该是 _____。

15. 若有以下定义和语句，为使变量 c1 得到字符 A，变量 c2 得到字符 B，正确的格式输入形式是 _____。

```
char c1,c2;
scanf("%4c%4c",&c1,&c2);
```

16. 已有定义 "int i,j; float x;" 为将−10 赋给 i，12 赋给 j，410.34 赋给 x，则对应以下 scanf 函数调用语句的数据输入形式是 _____。

```
scanf("%o%x%e",&i,&j,&x);
```

17. 若想通过以下输入语句给 a 赋值 1，给 b 赋值 2，则输入数据的形式应该是 _____。

```
int a,b;
scanf("a=%b,b=%d",&a,&b);
```

18. 若想通过以下输入语句使 a=5.0，b=4，c=3，则输入数据的形式应该是 _____。

```
int b,c;
float a;
scanf("%f,%d,c=%d",&a,&b,&c);
```

19. 若有以下语句：

```
int i=-19,j=i%4;
```

```
    printf("%d\n",j);
```
  则输出结果是_____。

20. 以下程序运行后的输出结果是_____。
```
#include <stdio.h>
void main()
{
    char m;
    m='B'+32;
    printf("%c\n",m);
}
```

## 三、编写程序题

1. 从键盘上输入 3 个数分别给变量 a、b、c，求它们的平均值。并按如下形式输出：
   average of **, ** and ** is **.**
   其中，3 个**依次表示 a、b、c 的值，**.**表示 a、b、c 的平均值。

2. 输入××时××分并把它化成分钟后输出（从零点整开始计算）。

3. 1 英里=1.609 千米，地球与月球之间的距离大约是 238 857 英里，计算地球与月球之间大约是
   多少千米？

4. 从键盘输入一个字符，输出其前后相连的 3 个字符。

5. 输入一个三位整数，求各位数字的立方和。

# 参 考 答 案

## 一、选择题

| | | | | |
|---|---|---|---|---|
| 1. A | 2. A | 3. C | 4. A | 5. D |
| 6. A | 7. B C | 8. C | 9. D | 10. B |
| 11. A | 12. D | 13. C | 14. C | 15. D |

## 二、填空题

1. 复合语句　　流程控制语句

2. {}

3. #include <stdio.h> 或 #include "stdio.h"

4. 1

5. 变量

6. 2

7. 10　　6

8. 12　　4

9. 6、4、2

10. −16

11. t=a;a=b;b=t;

12. a+=b;b=a−b;a−=b;

13. 1

14. 未指明变量 x 的地址　　　格式控制符与变量类型不匹配　　scanf("%f",&x);

15. A□□□B□□□

16. −12□c□4.1034e+02

17. a=1,b=2

18. 5.0,4,c=3

19. −3

20. b

### 三、编写程序题

1. 参考程序：

```
#include <stdio.h>
void main ( )
{
  float  a,b,c,t;
  printf("please input a,b,c:\n");
  scanf ("%f,%f,%f",&a,&b,&c);
  t=(a+b+c)/3;
  printf ("average of %6.2f,%6.2f and %6.2f is %6.2f\n",a,b,c,t);
}
```

2. 参考程序：

```
#include <stdio.h>
void main()
{
  int h,m,s;
  printf("please input h,m:\n");
  scanf ("%d,%d",&h,&m);
  s=h*60+m;
  printf ("Total %d minute\n",s);
}
```

3. 参考程序：

```
#include <stdio.h>
void main()
{
  float x,y;
  y=238857;
  x=y/1.609;
  printf("Distance is %f kilometre between Earth and Moon \n",x);
}
```

4. 参考程序：

```
#include <stdio.h>
void main()
{
  int a,b,c;
  printf("Please enter a charater:");
```

```
    scanf("%c",&c);
    a=c-1;
    b=c+1;
    printf("a=%c,c=%c,b=%c\n",a,c,b);
    }
```

5. 参考程序：

```
    #include <stdio.h>
    void main()
    {
    int n,m,a,b,c;
    scanf("%d",&n);
    a=n%10;
    b=n/10%10;
    c=n/100;
    m=a*a*a+b*b*b+c*c*c;
    printf("n=%d,m=%d\n",n,m);
    }
```

# 第 **8** 章　选择结构程序设计

## 一、选择题

1. 以下关于运算符优先顺序的描述中，正确的是（　　　）。
   A. 关系运算符<算术运算符<赋值运算符<逻辑与运算符
   B. 逻辑与运算符<关系运算符<算术运算符<赋值运算符
   C. 赋值运算符<逻辑与运算符<关系运算符<算术运算符
   D. 算术运算符<关系运算符<赋值运算符<逻辑与运算符

2. 判断字符变量 c 的值不是数字也不是字母，应采用表达式（　　　）。
   A. c<='0'||c>='9'&&c<='A'||c>='Z'&&c<='a'||c>='z'
   B. !(c<='0'||c>='9'&&c<='A'||c>='Z'&&c<='a'||c>='z')
   C. c>='0'&&c<='9'||c>='A'&&c<='Z'||c>='a'&&c<='z'
   D. !(c>='0'&&c<='9'||c>='A'&&c<='Z'||c>='a'&&c<='z')

3. 能正确表示"当 x 的取值在［1，100］和［200，300］范围内为真，否则为假"的表达式是（　　　）。
   A. (x>=1)&&(x<=100)&&(x>=200)&&(x<=300)
   B. (x>=1)||(x<=100)||(x>=200)||(x<=300)
   C. (x>=1)&&(x<=100)||(x>=200)&&(x<=300)
   D. (x>=1)||(x<=100)&&(x>=200)||(x<=300)

4. 设 x、y 和 z 是 int 型变量，且 x=3，y=4，z=5，则下面表达式中值为 0 的是（　　　）。
   A. 'x'&&'y'
   B. x<=y
   C. x||y+z&&y−z
   D. !((x<y)&&!z||1)

5. 语句"printf("%d",(a=2)&&(b= −2);"的输出结果是（　　　）。
   A. 无输出　　　　B. 结果不确定　　　　C. −1　　　　D. 1

6. 当 c 的值不为 0 时，在下列选项中能正确将 c 的值赋给变量 a、b 的是（　　　）。
   A. c=b=a;　　　　B. (a=c)||(b=c);　　　　C. (a=c)&&(b=c);　　　　D. a=c=b;

7. 以下选项中非法的表达式是（　　　）。
   A. 0<=x<100　　　　B. i=j==0　　　　C. (char)(65+3)　　　　D. x+1=x+1

8. 能正确表示 a 和 b 同时为正或同时为负的逻辑表达式是（      ）。

    A. (a>=0||b>=0)&&(a<0||b<0)        B. (a>=0&&b>=0)&&(a<0&&b<0)

    C. (a+b>0)&&(a+b<=0)                   D. a*b>0

9. 以下不正确的 if 语句形式是（      ）。

    A. if (x>y&&x!=y);

    B. if (x==y) x+=y;

    C. if (x!=y) scanf("%d",&x) else scanf("%d",&y);

    D. if (x<y) {x++; y++;}

10. 以下 if 语句语法正确的是（      ）。

    A. if (x>0)
```
    printf("%f",x)
   else printf("%f",-x);
```
    B. if (x>0)
```
    {x=x+y; printf("%f",x);}
   else printf("%f",-x);
```
    C. if (x>0)
```
    {x=x+y; printf("%f",x);};
   else printf("%f",-x);
```
    D. if (x>0)
```
    {x=x+y; printf("%f",x)}
   else printf("%f",-x);
```

11. 在运行以下程序时，为了使输出结果为 t=4，则给 a 和 b 输入的值应满足的条件是（      ）。
```
#include <stdio.h>
void main()
{
  int s,t,a,b;
  scanf("%d,%d",&a,&b);
  s=1;
  t=1;
  if (a>0) s=s+1;
  if (a>b) t=s+t;
  else if (a==b) t=5;
  else t=2*s;
  printf("t=%d\n",t);
}
```
    A. a>b             B. a<b<0            C. 0<a<b            D. 0>a>b

12. 设有如下程序：
```
#include <stdio.h>
void main()
{
  int x=1,a=0,b=0;
  switch(x)
  {
    case 0: b++;
    case 1: a++;
```

```
    case 2: a++;b++;
    }
    printf("a=%d,b=%d\n",a,b);
}
```

该程序的输出结果是（    ）。

A. a=2,b=1          B. a=1,b=1          C. a=1,b=0          D. a=2,b=2

13. 设有如下程序段：

```
int a=14,b=15,x;
char c='A';
x=(a&&b) && (c<'B');
```

运行该程序段后，x 的值为（    ）。

A. true          B. false          C. 0          D. 1

14. 设有以下程序：

```
#include <stdio.h>
void main()
{
  int a=15,b=21,m=0;
  switch(a%3)
  {
    case 0:m++;break;
    case 1:m++;
      switch(b%2)
      {
        default:m++;
        case 0:m++;break;
      }
  }
  printf("%d\n",m);
}
```

则程序运行后的输出结果是（    ）。

A. 1          B. 2          C. 3          D. 4

15. 设有以下程序：

```
#include <stdio.h>
void main()
{
  int a=5,b=4,c=3,d=2;
  if (a>b>c)
    printf("%d\n",d);
  else if ((c-1>=d)==1)
    printf("%d\n",d+1);
  else
    printf("%d\n",d+2);
}
```

则运行后的输出结果是（    ）。

A. 2          B. 3          C. 4          D. 5

**二、填空题**

1. 关系表达式的运算结果是_____值。C 语言没有逻辑型数据，以_____代表"真"，以_____代表"假"。

2. 逻辑运算符! 是_____运算符，其结合性是_____。

3. 逻辑运算符两侧的运算对象不但可以是 0 和 1，或者是 0 和非 0 的整数，也可以是任何类型的数据。系统最终以_____和_____来判定它们属于"真"或"假"。

4. 设 x、y、z 均为 int 型变量，描述"x 或 y 中有一个小于 z"的表达式是_____。

5. 条件"2<x<3 或 x<-10"的 C 语言表达式是_____。

6. 判断 char 型变量 ch 是否为大写字母的正确表达式是_____。

7. 已知 A=7.5，B=2，C=3.6，表达式 A>B&&C>A||A<B&&!C>B 的值是_____。

8. 有"int x,y,z;"且 x=3，y=-4，z=5，则表达式(x&&y)==(x||z)的值为_____。

9. 有"int a=3,b=4,c=5,x,y;"，则表达式!(x=a)&&(y=b)&&0 的值为_____。

10. 语句"if (!k) a=3;"中的!k 可以改写为_____，其功能不变。

11. 条件运算符是 C 语言中唯一的一个_____目运算符，其结合性为_____。

12. 若有 if 语句"if (a<b) min=a; else min=b;"，可用条件运算符来处理的等价表达式为_____。

13. 若 w = 1，x = 2，y = 3，z = 4，则条件表达式 w<x?w:y<z?y:z 的值是_____。

14. 设有变量定义"int a=5,c=4;"，则(--a==++c)?--a:c++的值是_____，此时 c 的存储单元的值为_____。

15. 下列程序段的输出结果是_____。

```
int n='c';
switch(n++)
{
  default: printf("error");break;
  case 'a':case 'A':case 'b':case 'B':printf("good");break;
  case 'c':case 'C':printf("pass");
  case 'd':case 'D':printf("warn");
}
```

16. 若从键盘输入 58，则以下程序输出的结果是_____。

```
#include <stdio.h>
void main()
{
  int a;
  scanf("%d",&a);
  if (a>50) printf("%d",a);
  if (a>40) printf("%d",a);
  if (a>30) printf("%d",a);
}
```

17. 以下程序运行后的输出结果是_____。

```
#include <stdio.h>
void main()
{
  int p,a=5;
```

```
    if (p=a!=0)
      printf("%d\n",p);
    else
      printf("%d\n",p+2);
}
```

18. 以下程序运行后的输出结果是_____。

```
#include <stdio.h>
void main()
{
  int p=30;
  printf("%d\n",(p/3>0?p/10:p%3));
}
```

19. 以下程序运行后的输出结果是_____。

```
#include <stdio.h>
void main()
{
  int a=1,b=3,c=5;
  if (c=a+b) printf("yes\n");
  else printf("no\n");
}
```

## 三、阅读程序题

1.
```
#include <stdio.h>
void main()
{
  int a=2,b=3,c;
  c=a;
  if (a>b) c=1;
  else if (a==b) c=0;
  else c=-1;
  printf("%d\n",c);
}
```

2.
```
#include <stdio.h>
void main()
{
  int a,b,c;
  int s,w,t;
  s=w=t=0;
  a=-1; b=3; c=3;
  if (c>0) s=a+b;
  if (a<=0)
  {
    if (b>0)
      if (c<=0) w=a-b;
  }
  else if (c>0) w=a-b;
  else t=c;
  printf("%d%d%d\n",s,w,t);
}
```

3. 
```
switch(grade)
{
  case 'A': printf("85-100\n");
  case 'B': printf("70-84\n");
  case 'C': printf("60-69\n");
  case 'D': printf("<60\n");
  default: printf("error!\n");
}
```

若 grade 的值为 C，则输出结果是什么？

4. 
```
#include <stdio.h>
void main()
{
  int x,y=1,z;
  if (y!=0) x=5;
  printf("\t%d\n",x);
  if (y==0) x=4;
  else x=5;
  printf("\t%d\n",x);
  x=1;
  if (y<0)
    if (y>0) x=4;
    else x=5;
  printf("\t%d\n",x);
}
```

5. 
```
#include <stdio.h>
void main()
{
  int x,y=-2,z;
  if ((z=y)<0) x=4;
  else if (y==0) x=5;
  else x=6;
  printf("\t%d\t%d\n",x,z);
  if (z=(y==0))x=5;
  x=4;
  printf("\t%d\t%d\n",x,z);
  if (x=z=y) x=4;
  printf("\t%d\t%d\n",x,z);
}
```

6. 
```
#include <stdio.h>
void main()
{
  int x=1,y=0,a=0,b=0;
  switch(x)
  {
    case 1:
      switch(y)
      {
        case 0: a++; break;
        case 1: b++; break;
```

```
          }
       case 2:
          a++; b++; break;
     }
    printf("a=%d,b=%d\n",a,b);
}
```

**四、程序填空题**

以下程序计算某年某月有几天。其中判别闰年的条件是：能被 4 整除但不能被 100 整除的年是闰年，能被 400 整除的年也是闰年。请填入正确内容。

```
#include <stdio.h>
void main()
{
  int yy,mm,len;
  printf("year,month=");
  scanf("%d%d",&yy,&mm);
  switch(mm)
  {
    case 1:
    case 3:
    case 5:
    case 7:
    case 8:
    case 10:
    case 12: _____①_____ ; break;
    case 4:
    case 6:
    case 9:
    case 11: len=30; break;
    case 2:
       if (yy%4==0&&yy%100!=0||yy%400==0) _____②_____ ;
       else _____③_____ ;
       break;
    default: printf("input error"); break;
  }
   printf("the length of %d%d is %d\n",yy,mm,len);
}
```

**五、编写程序题**

1. 判断输入的正整数是否既是 5 又是 7 的整倍数。若是，则输出 yes，否则输出 no。

2. 输入整数 $x$、$y$ 和 $z$，若 $x^2+y^2+z^2 > 1000$，则输出 $x^2+y^2+z^2$ 千位以上的数字，否则输出三数之和。

3. 输入三角形的三条边长，求其面积。要求对于不合理的边长输入要输出数据错误的提示信息。

4. 已知银行整存整取存款不同期限的月利率分别为：

$$月利率 = \begin{cases} 0.315\% & 期限1年 \\ 0.330\% & 期限2年 \\ 0.345\% & 期限3年 \\ 0.375\% & 期限5年 \\ 0.420\% & 期限8年 \end{cases}$$

要求输入存钱的本金和期限，求到期时能从银行得到的利息与本金的总和。

5. 编写一个简单计算器程序，输入格式为：data1 op data2。其中 data1 和 data2 是参加运算的两个数，op 为运算符，它的取值只能是+、−、*、/。

6. 输入一位学生的生日（年：y0；月：m0；日：d0），并输入当前的日期（年：y1；月：m1；日：d1），输出该生的实足年龄。

7. 将以下程序段改用嵌套的 if 语句实现。

```
int s,t,m;
t=(int)(s/10);
switch(t)
{
    case 10: m=5; break;
    case 9: m=4; break;
    case 8: m=3; break;
    case 7: m=2; break;
    case 6: m=1; break;
    default: m=0;
}
```

# 参 考 答 案

## 一、选择题

1. C　　2. D　　　3. C　　4. D　　　5. D

6. C　　7. D　　　8. D　　9. C　　　10. B

11. C　　12. A　　13. D　　14. A　　　15. B

## 二、填空题

1. 逻辑　　　1（非0）　　　0

2. 单目　　　从右至左

3. 非0　　　0

4. x<z||y<z

5. x<−10||x>2&&x<3

6. (ch>='A')&&(ch<='Z')

7. 0

8. 1

9. 0

10. k==0

11. 三　　　从右至左

12. min=(a<b)?a:b;

13. 1

14. 5　　　6

15. passwarn

16. 585858

17. 1

18. 3

19. yes

## 三、阅读程序题

1. -1

2. 2 0 0

3. 60–69

   <60

   error!

4. 5

   5

   1

5. 4　 –2

   4　　0

   4　 –2

6. a=2,b=1

## 四、程序填空题

①len=31　　②len=29　　③len=28

## 五、编写程序题

1. 参考程序：

```
#include <stdio.h>
void main()
{
  int x;
  if (x%5==0&&x%7==0)
    printf("yes\n");
  else
    printf("no\n");
}
```

2. 参考程序：

```
#include <stdio.h>
void main()
{
  int x,y,z,a,b;
  scanf("%d%d%d",&x,&y,&z);
  a=x*x+y*y+z*z;
  if (a>1000)
    {b=a/1000;printf("%d,%d\n",a,b);}
  else printf("%d,%d\n",a,x+y+z);
}
```

3. 参考程序：

```
#include <stdio.h>
#include <math.h>
void main()
{
  float a,b,c,s,area;
  scanf("%f,%f,%f",&a,&b,&c);
  if (a+b>c&&b+c>a&&a+c>b)
  {
    s=1.0/2*(a+b+c);
    area=sqrt(s*(s-a)*(s-b)*(s-c));
    printf("area=%7.2f\n",area);
  }
  else
    printf("Data error!\n");
}
```

4. 参考程序：

```
#include <stdio.h>
void main()
{
  int year;
  float money,rate,total;              /*money:本金 rate:月利率 total:本利总和*/
  printf("Input money and year =?");
  scanf("%f%d", &money, &year);        /* 输入本金和存款年限 */
  if (year==1) rate=0.00315;           /* 根据年限确定利率 */
  else if (year==2) rate=0.00330;
  else if (year==3) rate=0.00345;
  else if (year==5) rate=0.00375;
  else if (year==8) rate=0.00420;
  else rate=0.0;
  total=money+money*rate*12*year;      /* 计算到期的本利总和*/
  printf(" Total=%.2f\n", total);
}
```

5. 参考程序：

```
#include <stdio.h>
void main()
{
  float data1, data2;
  char op;
  printf("Enter your expression:");
  scanf("%f%c%f",&data1,&op,&data2);
  switch(op)                           /* 根据操作符分别进行处理 */
  {
    case '+' :
      printf("%.2f+%.2f=%.2f\n", data1, data2, data1+data2); break;
    case '-' :
      printf("%.2f-%.2f=%.2f\n", data1, data2, data1-data2); break;
    case '*' :
      printf("%.2f*%.2f=%.2f\n", data1, data2, data1*data2); break;
```

```
    case '/' :
      if ( data2==0 )                    /* 若除数为 0，给出提示 */
        printf("Division by zero.\n");
      else
        printf("%.2f/%.2f=%.2f\n",data1,data2,data1/data2);
      break;
    default:                             /* 输入了其他运算符 */
      printf("Unknown operater.\n");
    }
  }
```

6. 参考程序：
```
#include <stdio.h>
void main()
{
  int y0,m0,d0,y1,m1,d1,age;
  printf("please input birthday: \n");
  scanf("%d%d%d",&y0,&m0,&d0);         /* 输入出生日期 */
  printf("please input current date: \n");
  scanf("%d%d%d",&y1,&m1,&d1);         /* 输入当前的日期 */
  age=y1-y0;
  if (m1<m0) age--;
  else if (m1==m0&&d1<d0) age--;       /* 计算年龄 */
    printf("age=%d\n",age);            /* 输出年龄 */
}
```

7. 参考程序：
```
int s,m;
if ((s<60)||(s>109)) m=0;
else if (s<70) m=1;
     else if (s<80) m=2;
          else if (s<90) m=3;
               else if (s<100) m=4;
                    else m=5;
```

# 第 9 章 循环结构程序设计

## 一、选择题

1. C 语言中 while 和 do...while 循环的主要区别是（　　　）。

    A. do...while 的循环体至少无条件执行一次

    B. while 的循环控制条件比 do...while 的循环控制条件严格

    C. do...while 允许从外部转到循环体内

    D. do...while 的循环体不能是复合语句

2. 以下描述中正确的是（　　　）。

    A. 由于 do...while 循环中循环体语句只能是一条可执行语句，所以循环体内不能使用复合语句

    B. do...while 循环由 do 开始，用 while 结束，在 "while(表达式)" 后面不能写分号

    C. 在 do...while 循环体中，一定要有能使 while 后面表达式的值变为零的操作

    D. do...while 循环中，根据情况可以省略 while

3. 已知 "int i=1;"，执行语句 "while (i++<4);" 后，变量 i 的值为（　　　）。

    A. 3　　　　　　　　B. 4　　　　　　　　C. 5　　　　　　　　D. 6

4. 语句 "while(!E);" 中的表达式 !E 等价于（　　　）。

    A. E==0　　　　　　　　　　　　　　B. E!=1

    C. E!=0　　　　　　　　　　　　　　D. E==1

5. 下面有关 for 循环的正确描述是（　　　）。

    A. for 循环只能用于循环次数已经确定的情况

    B. for 循环是先执行循环体语句，后判断表达式

    C. 在 for 循环中，不能用 break 语句跳出循环体

    D. for 循环的循环体语句中，可以包含多条语句，但必须用花括号括起来

6. 对 for(表达式 1;;表达式 3) 可理解为（　　　）。

    A. for(表达式 1;0;表达式 3)

    B. for(表达式 1;1;表达式 3)

    C. for(表达式 1; 表达式 1;表达式 3)

    D. for(表达式 1; 表达式 3;表达式 3)

7. 下列说法中正确的是（ ）。

    A. break 用在 switch 语句中，而 continue 用在循环语句中

    B. break 用在循环语句中，而 continue 用在 switch 语句中

    C. break 能结束循环，而 continue 只能结束本次循环

    D. continue 能结束循环，而 break 只能结束本次循环

8. 以下正确的描述是（ ）。

    A. continue 语句的作用是结束整个循环的执行

    B. 只能在循环体内和 switch 语句体内使用 break 语句

    C. 在循环体内使用 break 语句或 continue 语句的作用相同

    D. 从多层循环嵌套中退出时，只能使用 goto 语句

9. 有以下程序段：

```
int n=0,p;
do{scanf("%d",&p);n++;}while(p!=12345 &&n<3);
```

此处 do...while 循环的结束条件是（ ）。

    A. P 的值不等于 12345 并且 n 的值小于 3

    B. P 的值等于 12345 并且 n 的值大于等于 3

    C. P 的值不等于 12345 或者 n 的值小于 3

    D. P 的值等于 12345 或者 n 的值大于等于 3

10. 若 i 为整型变量，则以下循环执行次数是（ ）。

```
for(i=2;i==0;) printf("%d",i--);
```

    A. 无限次         B. 0 次         C. 1 次         D. 2 次

11. 以下不是无限循环的语句为（ ）。

    A. for(y=0,x=1;x>++y;x=i++) i=x

    B. for(;;x++=i);

    C. while(1) x++;

    D. for(i=10;;i--) sum+=i;

12. 下面程序段（ ）。

```
for(t=1;t<=100;t++)
{
  scanf("%d",&x);
  if (x<0) continue;
  printf("%3d",t);
}
```

    A. 当 x<0 时整个循环结束         B. x>=0 时什么也不输出

    C. printf 函数永远也不执行         D. 最多允许输出 100 个非负整数

13. 下面程序段（ ）。

```
x=3;
do{
    y=x--;
    if (!y) { printf("x"); continue; }
    printf("#");
```

```
}while(1<=x<=2);
```
   A. 将输出##               B. 将输出##*

   C. 是死循环                  D. 含有不合法的控制表达式

14. 下面程序的运行结果是（　　　）。

```
#include <stdio.h>
void main()
{
  int y=10;
  do{ y--; }while(--y);
  printf("%d\n",y--);
}
```
   A. -1           B. 1           C. 8           D. 0

15. 若从键盘输入 2473↙，则下面程序的运行结果是（　　　）。

```
#include <stdio.h>
void main()
{
  int c;
  while((c=getchar())!='\n')
    switch(c-'2')
    {
      case 0:
      case 1: putchar(c+4);
      case 2: putchar(c+4); break;
      case 3: putchar(c+3);
      default: putchar(c+2); break;
    }
  printf("\n");
}
```
   A. 668977       B. 668966       C. 66778777       D. 6688766

16. 以下程序的输出结果是（　　　）。

```
#include <stdio.h>
void main()
{
  int i,j,k=0,m=0;
  for(i=0;i<2;i++)
    {
      for(j=0; j<3; j++) k++;
      k-=j;
    }
  m=i+j;
  printf("k=%d, m=%d\n",k,m);
}
```
   A. k=0,m=3     B. k=0,m=5     C. k=1,m=3     D. k=1,m=5

17. 以下程序的输出结果是（　　　）。

```
void main()
{
  int i;
```

```
for(i=1;i<6;i++)
{
  if (i%2) {printf("#");continue;}
  printf("*");
  }
  printf("\n");
}
```

A. *#*#*          B. #####          C. *****          D. #*#*#

18. 以下程序的输出结果是（      ）。

```
#include <stdio.h>
void main()
{
  int i=0,a=0;
  while(i<20)
  {
    for(;;)
    {
      if ((i%10)==0) break;
      else i--;
    }
    i+=11; a+=i;
    }
  printf("%d\n",a);
}
```

A. 11          B. 21          C. 32          D. 33

19. 以下程序的输出结果是（      ）。

```
#include <stdio.h>
void main()
{
  int i;
  for(i=0;i<3;i++)
   switch(i)
   {
     case 1: printf("%d",i);
     case 2: printf("%d",i);
     default: printf("%d",i);
   }
}
```

A. 011122          B. 012          C. 012020          D. 120

20. 以下程序的输出结果是（      ）。

```
#include <stdio.h>
void main()
{
  int i=0,s=0;
  do
  {
    if (i%2){i++;continue;}
    i++;
```

```
        s +=i;
    }while(i<7);
    printf("%d\n",s);
}
```

A. 12          B. 16          C. 21          D. 28

21. 按顺序读入 10 名学生 4 门课程的成绩，计算出每位学生的平均成绩并输出。程序如下：

```
#include <stdio.h>
void main()
{
  int n,k;
  float score ,sum,ave;
  sum=0.0;
  for(n=1;n<=10;n++)
  {
    for(k=1;k<=4;k++)
    {scanf("%f",&score); sum+=score;}
     ave=sum/4.0;
     printf("NO%d:%f\n",n,ave);
  }
}
```

上述程序运行后结果不正确，调试中发现有一条语句出现在程序中的位置不正确。这条语句是（    ）。

A. sum=0.0;                  B. sum+=score;

C. ave=sun/4.0;            D. printf("NO%d:%f\n",n,ave);

## 二、填空题

1. 要使以下程序段输出 10 个整数，请填入一个整数。

   `for(i=0;i<=_____;printf("%d\n",i+=2));`

2. 若有如下程序段，其中 s、a、b、c 均已定义为整型变量，且 a、c 均已赋值（c 大于 0），则与以下程序段功能等价的赋值语句是_____。

   ```
   s=a;
   for(b=1;b<=c;b++) s=s+1;
   ```

3. 设有如下程序段：

   ```
   int k=0;
   while(k=1)k++;
   ```

   则 while 循环执行的次数是_____。

4. 设有如下程序段：

   ```
   int k=10;
   while(k) k=k-1;
   ```

   则 while 循环执行_____次。

5. 执行下面程序段后，k 值是_____。

   ```
   k=1; n=263;
   do{k*=n%10; n/=10;}while(n);
   ```

6. 若 for 循环用以下形式表示：

　　for(表达式1;表达式2;表达式3) 循环体语句

　　则执行语句"for(i=0;i<3;i++) printf("*");"时，表达式 1 执行_____次，表达式 3

　　执行_____次。

7. 下面程序的运行结果是_____。

```
#include <stdio.h>
void main()
{
  int a,s,n,count;
  a=2; s=0; n=1; count=1;
  while(count<=7) { n=n*a; s=s+n; ++count; }
  printf("s=%d",s);
}
```

8. 下面程序段的运行结果是_____。

```
x=2;
do{ printf("*"); x--; }while(!x==0);
```

9. 若从键盘键入 China#↙，则下面程序的运行结果是_____。

```
#include <stdio.h>
void main()
{
  int v1=0,v2=0; char ch;
  while((ch=getchar())!='#')
  switch(ch)
  {
    case 'a':
    case 'h':
    default: v1++;
    case 'o': v2++;
  }
  printf("%d,%d\n",v1,v2);
}
```

10. 设有以下程序：

```
#include <stdio.h>
void main()
{
  int n1,n2;
  scanf("%d",&n2);
  while(n2!=0)
  {
    n1=n2%10;
    n2=n2/10;
    printf("%d",n1);
  }
}
```

　　程序运行后，如果从键盘上输入 1298，则输出结果为_____。

11. 以下程序运行后的输出结果是_____。

```c
#include <stdio.h>
void main()
{
  int x=15;
  while(x>10&&x<50)
  {
    x++;
    if (x/3){x++;break;}
      else continue;
  }
  printf("%d\n",x);
}
```

12. 以下程序运行后的输出结果是_____。

```c
#include <stdio.h>
void main()
{
  int i,m=0, n=0, k=0;
  for (i=9; i<=11; i++)
  switch(i/10)
  {
    case 0 : m++; n++; break;
    case 10: n++;break;
    default: k++;n++;
  }
printf("%d%d%d\n",m,n,k);
}
```

13. 下面程序的功能是：计算 1～10 之间奇数之和及偶数之和，请填空。

```c
#include <stdio.h>
void main()
{
  int a, b, c, i;
  a=c=0;
  for(i=0;i<10;i+=2)
  {
    a+=i;
    _____;
    c+=b;
  }
  printf("偶数之和=%d\n",A. ;
  printf("奇数之和=%d\n",c-11);
}
```

14. 下面程序的功能是：输出 100 以内能被 3 整除且个位数为 6 的所有整数，请填空。

```c
#include <stdio.h>
void main()
{
  int  i, j;
  for(i=0;_____; i++)
  {
    j=i*10+6;
```

```
      if (_____) continue;
      printf("%d",j);
    }
  }
```

## 三、阅读程序题

1. 
```c
#include <stdio.h>
void main()
{
  int i,j,x=0;
  for(i=0;i<2;i++)
  {
    x++;
    for(j=0;j<=3;j++)
    {
      if (j%2) continue;
      x++;
    }
    x++;
  }
  printf("x=%d\n",x);
}
```

2. 
```c
#include <stdio.h>
void main()
{
  int i,j,k=19;
  while(i=k-1)
  {
    k-=3;
    if (k%5==0) { i++; continue; }
    else if (k<5) break;
    i++;
  }
  printf("i=%d,k=%d\n",i,k);
}
```

3. 
```c
#include <stdio.h>
void main()
{
  int i,j;
  for(i=4;i>=1;i--)
  {
    for(j=1;j<=i;j++) putchar('#');
    for(j=1;j<=4-i;j++) putchar('*');
    putchar('\n');
  }
}
```

4. 
```c
#include <stdio.h>
void main()
{
  int i,k=0;
  for(i=1;;i++)
  {
```

```
      k++;
      while(k<i*i)
      {
        k++;
        if (k%3==0) goto loop;
      }
    }
    loop: printf("%d,%d",i,k);
}
```

## 四、程序填空题

1. 下面程序的功能是计算正整数 2345 的各位数字平方和。

```
#include <stdio.h>
void main()
{
  int n,sum=0;
  n=2345;
  do
  {
    sum=sum+_____①_____;
    n=_____②_____;
  }while(n);
  printf("sum=%d",sum);
}
```

2. 下面程序的功能是将从键盘输入的一组字符中统计出大写字母的个数 m 和小写字母的个数 n，并输出 m、n 中的较大者。

```
#include <stdio.h>
void main()
{
  int m=0,n=0;
  char c;
  while((_____①_____)!='\n')
  {
    if (c>='A'&&c<='Z') m++;
    if (c>='a'&&c<='z') n++;
  }
  printf("%d\n",m<n?_____②_____);
}
```

3. 下面程序的功能是用辗转相除法求两个正整数的最大公约数。

```
#include <stdio.h>
void main()
{
  int r,m,n;
  scanf("%d %d",&m,&n);
  if (m<n)_____①_____;
  r=m%n;
  while(r) { m=n; n=r; r=_____②_____; }
  printf("%d\n",n);
}
```

4. 下面程序的功能是用 do...while 语句求 1～1 000 之间满足"用 3 除余 2，用 5 除余 3，用 7 除余 2"的数，且一行只打印 5 个数。

```c
#include <stdio.h>
void main()
{
  int i=1,j=0;
  do
  {
    if (_____①_____ )
    {
      printf("%4d",i);
      j=j+1;
      if (_____②_____) printf("\n");
    }
    i=i+1;
  }while(i<1000);
}
```

5. 等差数列的第一项 $a=2$，公差 $d=3$，下面程序的功能是在前 $n$ 项和中，输出能被 4 整除的所有的和。

```c
#include <stdio.h>
void main()
{
  int a,d,sum;
  a=2; d=3; sum=0;
  do
  {
    sum+=a;
    _____①_____
    if (_____②_____) printf("%d\n",sum);
  }while(sum<200);
}
```

6. 下面程序段的功能是计算 1 000!的末尾含有多少个零。(提示：只要算出 1 000! 中含有因数 5 的个数即可)

```c
for(k=0,i=5;i<=1000;i+=5)
{
  m=i;
  while(_____){k++; m=m/5;}
}
```

7. 下面程序的功能是求算式 xyz+yzz=532 中 x、y、z 的值 ( 其中 xyz 和 yzz 分别表示一个三位数 )。

```c
#include <stdio.h>
void main()
{
  int x,y,z,i,result=532;
  for(x=1;x<10;x++)
    for(y=1;y<10;y++)
      for(_____①_____;z<10;z++)
      {
        i=100*x+10*y+z+100*y+10*z+z;
        if (_____②_____)  printf("x=%d,y=%d,z=%d\n",x,y,z);
      }
}
```

8. 下面程序的功能是求用数字 0～9 可以组成多少个没有重复的三位偶数。

```c
#include <stdio.h>
void main()
{
  int n,i,j,k;
  n=0;
  for(i=1;i<9;i++)
    if (k=0;k<=8;_____①_____)
    if (k!=i)
  for(j=1;j<9;j++)
    if (_____②_____) n++;
  printf("n=%d\n",n);
}
```

9. 下面程序的功能是输出 1～100 之间每位数的乘积大于每位数的和的数。

```c
#include <stdio.h>
void main()
{
  int n,k=1,s=0,m;
  for(n=1;n<=100;n++)
  {
    k=1;s=0;
    _____①_____;
    while(_____②_____)
    {
      k*=m%10;
      s+=m%10;
      _____③_____;
    }
    if (k>s) printf("%d",n);
  }
}
```

10. 下面程序的功能是从 3 个红球、5 个白球、6 个黑球中任意取出 8 个球，且其中必须有白球，输出所有可能的方案。

```c
#include <stdio.h>
void main()
{
  int i,j,k;
  printf("\n hong bai hei \n");
  for(i=0;i<=3;i++)
    for(_____①_____;j<=5;j++)
    {
      k=8-i-j;
      if (_____②_____)
      printf("%3d%3d%3d\n",i,j,k);
    }
}
```

11. 若用 0～9 之间不同的三个数构成一个三位数，下面程序将统计出共有多少种方法。

```c
#include <stdio.h>
void main()
```

```
{
    int i,j,k,count=0;
    for(i=1;i<=9;i++)
    for(j=0;j<=9;j++)
    if (_____①_____) continue;
    else for(k=0;k<=9;k++)
    if (_____②_____) count++
    printf("%d",count);
}
```

**五、编写程序题**

1. 计算下列 $y$ 的值：

$$y = 1 + \frac{1}{x} + \frac{1}{x^2} + \frac{1}{x^3} + \frac{1}{x^4} + \cdots (x > 1)$$

直到某一项 $f \leq 10^{-6}$ 时为止。

2. 有一分数序列 $\frac{2}{1}, \frac{3}{2}, \frac{5}{3}, \frac{8}{5}, \frac{13}{8}, \ldots$，求出这个数列的前 20 项之和。

3. 从键盘输入任意的字符，按下列规则进行分类计数：第一类是数字字符，第二类是 "+"、"-"、"*"、"/"、"%"、"="，第三类为其他字符。当输入字符 "\" 时先计数，然后停止接收输入，输出计数的结果。

4. 求解爱因斯坦数学题。有一条长阶梯，若每步跨 2 阶，则最后剩余 1 阶；若每步跨 3 阶，则最后剩 2 阶；若每步跨 5 阶，则最后剩 4 阶；若每步跨 6 阶则最后剩 5 阶；若每步跨 7 阶，最后才正好一阶不剩。请问，这条阶梯共有多少阶？

5. 每个苹果 0.8 元，第一天买 2 个苹果，第二天开始，每天买前一天的 2 倍，直至购买的苹果个数达到不超过 100 的最大值，求每天平均花多少钱？

6. 猴子吃桃问题。猴子第一天摘下若干个桃子，当即吃了一半，还不过瘾，又多吃了一个。第二天早上又将剩下的桃子吃掉一半，又多吃了一个。以后每天早上都吃了前一天剩下的一半零一个，到第 10 天早上再想吃时，只剩下一个桃子了，求第一天一共摘了多少桃子。

7. 一辆卡车违犯交通规则，撞人逃跑。现场三人目击事件，但都没记住车号，只记下车号的一些特征。甲说：牌照的前两位数字是相同的；乙说：牌照的后两位数字是相同的；丙是位数学家，他说：四位的车号刚好是一个整数的平方。根据以上线索求出车号。

8. 100 匹马驮 100 担货，大马一匹驮 3 担，中马一匹驮 2 担，小马两匹驮 1 担。计算大、中、小马的数目。

9. 输出如图 9-1 所示的数字倒三角图形。

10. 输入 $n$ 值，输出如图 9-2 所示的 $n \times n$（$n < 10$）阶螺旋方阵。

```
1    3    6    10   15   21              1    2    3    4    5
2    5    9    14   20                   16   17   18   19   6
4    8    13   19                        15   24   25   20   7
7    12   18                             14   23   22   21   8
11   17                                  13   12   11   10   9
16
```

图 9-1　n=6 时的数字倒三角图形　　　　图 9-2　n=5 时的螺旋方阵

# 参 考 答 案

## 一、选择题

| | | | | |
|---|---|---|---|---|
| 1. A | 2. C | 3. C | 4. A | 5. D |
| 6. B | 7. C | 8. B | 9. D | 10. B |
| 11. A | 12. D | 13. C | 14. D | 15. A |
| 16. B | 17. D | 18. C | 19. A | 20. B |
| 21. A | | | | |

## 二、填空题

1. 18

2. s=a+c;

3. 无限次

4. 10

5. 36

6. 1    3

7. s=254

8. **

9. 5,5

10. 8921

11. 17

12. 1 3 2

13. b=i+1

14. i<10    i％3！=0

## 三、阅读程序题

1. x=8

2. i=6,k=4

3. ####
   ###*
   ##**
   #***

4. 2,3

## 四、程序填空题

1. ①(n%10)*(n%10)　　　　　　②n/10

2. ①c=getchar()　　　　　　②n:m

3. ①r=m,m=n,n=r　　　　　　②m%n

4. ①i%3==2&&i%5==3&&i%7==2　　　　②j%5==0

5. ①a+=d　　　　　　②sum%4==0

6.　m%5==0

7.　①z=0　　　　　　　　　②i==result

8.　①k+=2　　　　　　　　　②j!=i&&j!=k

9.　①m=n　　　　　　　　　②m　　　　　　③m/=10

10.　①j=1　　　　　　　　　②k>=0&&k<=6

11.　①i==j　　　　　　　　　②k!=i&&k!=j

## 五、编写程序题

1.　参考程序：

```c
#include <stdio.h>
#define eps 1e-6
void main()
{
  float x,f=1,y=0;
  scanf("%f",&x);
  while(1/f>eps)
  {
    y=y+1/f;
    f=f*x;
  }
  printf("y=%f\n",y);
}
```

2.　参考程序：

```c
#include <stdio.h>
void main()
{
  int n,t,number=20;
  float a=2,b=1,s=0;
  for(n=1;n<number;n++)
  {
    s=s+a/b;
    t=a;
    a=a+b;
    b=t;
  }
  printf("s=%9.6f\n",s);
}
```

3.　参考程序：

```c
#include <stdio.h>
void main()
{
  int class1,class2,class3;
  char ch;
  class1=class2=class3=0;      /* 初始化分类计数器 */
  do
  { ch=getchar( );
    switch(ch)
```

```
    {
      case '0': case '1': case '2': case '3': case '4':
      case '5': case '6': case '7': case '8': case '9':
        class1++; break;              /* 对分类 1 计数 */
      case '+': case '-': case '*': case '/': case '%': case '=':
        class2++; break;              /* 对分类 2 计数 */
      default: class3++; break;       /* 对分类 3 计数 */
    }
  }while (ch!='\\');                   /* 字符'\'在 C 程序中要使用转义符'\\' */
  printf("class1=%d,class2=%d,class3=%d\n",class1,class2,class3);
}
```

4. 参考程序：

```
#include <stdio.h>
void main()
{ int i=1;                            /* i 为所设的阶梯数 */
  while (!((i%2==1)&&(i%3==2)&&(i%5==4)&&(i%6==5)&&(i%7==0)))
      ++i;                            /* 满足一组同余式的判别 */
  printf("Staris_number=%d\n",i);
}
```

5. 参考程序：

```
#include <stdio.h>
void main()
{
  int day=0, buy=2;
  float sum=0.0,ave;
  do
  {
    sum+=0.8*buy;
    day++;
    buy*=2;}
  while(buy<=100);
  ave=sum/day;
  printf("%f",ave);
}
```

6. 参考程序：

```
#include <stdio.h>
void main()
{
  int day,x1,x2;
  day=9;
  x2=1;
  while(day>0)
  {
    x1=(x2+1)*2;
    x2=x1;
    day--;
  }
  printf("total=%d\n",x1);
}
```

7. 分析：按照题目的要求造出一个前两位数相同、后两位数相同且相互间又不同的整数，然后判断该整数是否是另一个整数的平方。

参考程序：

```c
#include <stdio.h>
#include <math.h>
void main()
{
  int i,j,k,c;
  for(i=1;i<=9;i++)              /* i: 车号前两位的取值 */
  for(j=0;j<=9;j++)             /* j: 车号后两位的取值 */
  if ( i!=j )                   /* 判断两位数字是否相异 */
  {
    k=i*1000+i*100+j*10+j;      /* 计算出可能的整数 */
    for(c=31;c*c<k;c++);        /* 判断该数是否为另一整数的平方 */
    if (c*c==k)
    printf("Lorry_No. is %d .\n",k);   /* 若是，打印结果 */
  }
}
```

8. 参考程序：

```c
#include <stdio.h>
void main()
{
  int x,y,z,j=0;
  for(x=0; x<=33; x++)
  for(y=0; y<=(100-3*x)/2; y++)
  {
    z=100-x-y;
    if ( z%2==0&&3*x+2*y+z/2==100)
    printf("%2d:l=%2d m=%2d s=%2d\n",++j,x,y,z);
  }
}
```

9. 分析：此题的关键是找到输出数字和行、列数的关系。分析图形中每行中数字的关系发现，右边数字和前面数字之差逐次增 1；同列数字依然是这样的关系，编程的关键转换为找到每一行左方的第一个数字，然后利用行和列的循环变量进行运算就可得到每个位置的数字。用 $a_{i,j}$ 此表示第 $i$ 行第 $j$ 列的数字，则 $a_{1,1}=1$；由第 $i$ 行第一列的数字推出第 $i+1$ 行第一列的数字是 $a_{i+1,1}=a_{i,1}+i$；同样由第 $j$ 列推出第 $j+1$ 列的数字是 $a_{i,j+1}=a_{i,j+i+j}$。另外只有当 $j<i$ 时才输出数字。

参考程序：

```c
#include <stdio.h>
void main()
{
  int i,j,m,n,k=1;                /*k 是第一列元素的值 */
  printf("Please enter m=");
  scanf("%d",&m);
  for(i=1;i<=m;i++)
  {
    n=k;                          /*n 为第 i 行中第 1 个元素的值 */
    for(j=1;j<=m-i+1;j++)
```

```
    {
      printf("%3d",n);
      n=n+i+j;                              /*计算同行下一个元素的值 */
    }
    printf("\n");
    k=k+i;                                  /*计算下一行中第 1 个元素 */
    }
  }
```

10. 分析：可用不同的方案解决此问题，为了开拓读者的思路，这里给出了两个参考程序，其中第二个程序使用递归方法。

算法一：

首先寻找数字输出数字和行列的关系。每圈有四个边，把每边的最后一个数字算为下边的开始，最外圈每边数字个数是 $n-1$ 个，以后每边比外边一边少两个数字。因为数字是一行一行输出的，再分析每行数字的规律。实际没有的数字有三种规律：位于对角线之间的数字是上半图增一，下半图减一。对角线左侧的各列，右侧比左侧增加了一圈数字，例如数字 39 和它左侧的 22 比较，数字 39 所在的圈每边 4 个数字，左侧 22 加上一圈 16 个数字在加 1 就是 39。同理，对角线右侧的各列，则减少一圈的数字个数。

根据以上分析，用两个对角线将图形分为四个区域。为叙述方便，称四个区域为上、下、左、右区。设 $i$、$j$ 为行列号，$n$ 为图形的总行数，则满足各区的范围是，上区：$j \geq i$ 且 $j \leq n-i+1$；下区：$j \leq i$ 且 $j \geq n-i+1$；左区：$j < i$ 且 $j < n-i+1$；右区：$j > i$ 且 $j > n-i+1$。

现在的问题是，如果知道一行在不同区域开始第一个位置的数字，然后该区后续的数字就可利用前面分析的规律得到。

对于右区开始各行第一个数字最易求出，为 $4*(n-1)-i+1$。后续一个和同行前一个数字之差是 $4*[n-1-(j-1)*2]+1$，其中方括号内是每边的数字个数。

对角线上的数字是分区点，对角线上相临数字仍然相差一圈数字个数，读者可自行分析得到计算公式。

右区开始的第一个数字可以从上区结束时的数字按规律求出。

下述程序用变量 s 保存分区对角线上的数字。

参考程序一：

```c
#include <stdio.h>
void main()
{
  int i,j,k,n,s,m,t;
  printf("Please enter n:");
  scanf("%d",&n);
  for(i=1;i<=n;i++)
  {
    s=(i<=(n+1)/2)? 1:3*(n-(n-i)*2-1)+1;
    m=(i<=(n+1)/2)? i:n-i+1;               /* m-1 是外层圈数 */
    for(k=1;k<m;k++)  s+=4*(n-2*k+1);
    for(j=1;j<=n;j++)
    {
      if (j>=n-i+1&&j<=i)                   /* 下区 */
```

```
          t=s-(j-(n-i))+1;
          if (j>=i&&j<=n-i+1)                /* 上区 */
          t=s+j-i;
          if (j>i&&j>n-i+1)                   /* 右区 */
          t-=4*(n-2*(n-j+1))+1;
          if (j<i&&j<n-i+1)                   /* 左区 */
          {
            if (j==1) t=4*(n-1)-i+2;
            else t+=4*(n-2*j+1)+1;
          }
          printf("%4d",t);
        }
        printf("\n");
      }
    }
```

算法二：

根据本题图形的特点，可以构造一个递归算法。我们可以将边长为 N 的图形分为两部分：第一部分最外层的框架，第二部分为中间的边长为 N-2 的图形。

对于边长为 N 的正方形，若其中每个元素的行号为 $i$（$1 \leqslant i \leqslant N$），列号为 $j$（$1 \leqslant j \leqslant N$），第 1 行第 1 列元素表示为 $a_{1,1}$（$a_{11}=1$），则有：

对于最外层的框架可以用以下数学模型描述：

上边：$a_{1,j}=a_{1,1+j-1}$（$j \neq 1$）

右边：$a_{i,N}=a_{1,1+N+i-2}$（$i \neq 1$）

下边：$a_{i,1}=a_{1,1+4N-i-3}$（$i \neq 1$）

左边：$a_{N,j}=a_{1,1+3N-2-j}$（$j \neq 1$）

对于内层的边长为 N-2 的图形可以用以下数学模型描述：

左上角元素：$a_{i,i}=a_{i-1,i-1+4(N-2i-1)}$（$i > 1$）

若令 $a_{i,j}=fun(a_{i-1,i-1}+4(N-2i-1)$，当 $i < (N+1)/2$ 且 $j < (N+1)/2$ 时，min=MIN($i,j$)，则有：

$a_{2,2}=fun(a_{1,1}$, min, min, n)

$a_{i,j}=fun(a_{2,2}$, i-min+1, j-min+1, n-2*(min-1))

可以根据上述原理，分别推导出 $i$ 和 $j$ 为其他取值范围时的 min 取值。根据上述递归公式，可以得到以下参考程序。

参考程序二：

```c
#include <stdio.h>
#define MIN(x,y) (x>y) ? (y) : (x)
fun ( int a11, int i, int j, int n)
{
  int min, a22;
  if (i==j&&i<=1 ) return(a11);
  else if (i==j&&i<=(n+1)/2) return( fun(a11,i-1,i-1,n)+4*(n-2*i+3));
  else if (i==1&&j!=1) return( a11+j-1 );
  else if (i!=1&&j==n) return( a11+n+i-2);
  else if (i!=1&&j==1 ) return ( a11+4*n-3-i);
```

```
    else if (i==n&&j!=1 ) return ( a11+3*n-2-j);
    else
    {
      if (i>=(n+1)/2&&j>=(n+1)/2) min = MIN(n-i+1,n-j+1);
      else if (i<(n+1)/2&&j>=(n+1)/2) min = MIN(i,n-j+1);
      else if (i>=(n+1)/2&&j<(n+1)/2) min = MIN(n-i+1,j);
      else min = MIN(i,j);
      a22 = fun(a11,min,min,n);
      return(fun(a22, i-min+1, j-min+1, n-2*(min-1)));
    }
}
void main()
{
  int a11=1, i, j, n;
  printf("Enter n=");
  scanf("%d", &n);
  for(i=1; i<=n; i++)
  {
    for(j=1; j<=n; j++)
    printf("%4d", fun(a11,i,j,n) );
    printf("\n");
  }
}
```

# 第10章

函数与编译预处理

## 一、选择题

1. 若调用一个函数，且此函数中没有 return 语句，则正确的说法是（    ）。
   A. 该函数没有返回值
   B. 该函数返回若干个系统默认值
   C. 该函数能返回一个用户所希望的函数值
   D. 该函数返回一个不确定的值

2. C 语言规定，函数返回值的类型是由（    ）。
   A. return 语句中的表达式类型所决定
   B. 调用该函数的主调函数类型所决定
   C. 调用该函数时系统临时决定
   D. 定义该函数时所指定的函数类型决定

3. 以下错误的描述是（    ）。
   A. 函数调用可以出现在执行语句中
   B. 函数调用可以出现在一个表达式中
   C. 函数调用可以作为一个函数的形参
   D. 函数调用可以作为一个函数的实参

4. 以下正确的说法是（    ）。
   A. 定义函数时，形参的类型说明可以放在函数体内
   B. return 后面的值不能为表达式
   C. 如果函数值的类型与返回值类型不一致，则以函数值类型为准
   D. 如果形参与实参的类型不一致，则以实参类型为准

5. 对于某个函数调用，不用给出被调用函数的原型的情况是（    ）。
   A. 被调用函数是无参函数
   B. 被调用函数是无返回值的函数
   C. 函数的定义在调用处之前
   D. 函数的定义在其他程序文件中

6. 已知函数 f 的定义为：

```
void f()
{…}
```

则函数定义中 void 的含义是（　　　）。

 A. 执行函数 f 后，函数没有返回值     B. 执行函数 f 后，函数不再返回

 C. 执行函数 f 后，可以返回任意类型    D. 执行函数 f 后，函数返回不确定值

7. 以下正确的函数定义形式是（　　　）。

 A. double fun(int x;int y)        B. fun(int x,y)

  { z=x+y;return z;}           { int z=10;return z;}

 C. fun(x,y)               D. double fun(int x,int y)

  { int x,y;double z;          { double z;

    z=x+y;return z;}           z=x+y;return z;}

8. 以下程序有语法错误，有关错误的正确说法（　　　）。

```
#include <stdio.h>
void main()
{
    int G=5,k;
    void prt_char();
    …
    k=prt_char(G);
    …
}
```

 A. 语句 "void prt_char();" 有错，它是函数调用语句，不能用 void 说明

 B. 变量名不能使用大写字母

 C. 函数声明和函数调用语句之间有矛盾

 D. 函数名不能使用下画线

9. 关于局部变量，下列说法正确的是（　　　）。

 A. 定义该变量的程序文件中的函数都可以访问

 B. 定义该变量的函数中的定义处以下的任何语句都可以访问

 C. 定义该变量的复合语句的定义处以下的任何语句都可以访问

 D. 局部变量可用于函数之间传递数据

10. 关于全局变量，下列说法正确的是（　　　）。

 A. 任何全局变量都可以被应用系统中任何程序文件中的任何函数访问

 B. 任何全局变量都只能被定义它的程序文件中的函数访问

 C. 任何全局变量都只能被定义它的函数中的语句访问

 D. 全局变量可用于函数之间传递数据

11. 以下不正确的说法（　　　）。

 A. 在不同函数中可以使用相同名字的变量

 B. 形式参数是局部变量

 C. 在函数内定义的变量只在本函数范围内有效

 D. 在函数内的复合语句中定义的变量在本函数范围内有效

12. 不进行初始化即可自动获得初值 0 的变量包括（    ）。

  A. 任何用 static 修饰的变量      B. 任何在函数外定义的变量

  C. 局部变量和用 static 修饰的全局变量   D. 全局变量和用 static 修饰的局部变量

13. C 语言的编译系统对宏命令的处理是（    ）。

  A. 在程序运行时进行的

  B. 在程序连接时进行的

  C. 和 C 程序中的其他语句同时进行编译的

  D. 在对源程序中其他成分正式编译之前进行的

14. 在 C 语言中，对于存储类别为（    ）的变量，只有在使用它们时才占用内存单元。

  A. static 和 auto        B. register 和 static

  C. register 和 extern       D. auto 和 register

15. 以下程序的正确运行结果是（    ）。

```c
#include <stdio.h>
void num()
{
  extern int x,y;
  int a=15,b=10;
  x=a-b;
  y=a+b;
}
int x,y;
void main()
{
  int a=7,b=5;
  x=a+b;
  y=a-b;
  num();
  printf("%d,%d\n",x,y);
}
```

  A. 12,2     B. 5,25     C. 1,12     D. 不确定

16. 下面程序的输出是（    ）。

```c
#include <stdio.h>
fun3(int x)
{ static int a=3;
  a+=x;
  return(a);}
void main()
{ int k=2, m=1, n;
  n=fun3(k);
  n=fun3(m);
  printf("%d\n",n);
}
```

  A. 3      B. 4      C. 6      D. 9

17. 有如下程序：

```c
#include <stdio.h>
int runc(int a,int b)
```

```
{ return(a+b);}
void main()
{
  int x=2,y=5,z=8,r;
  r=func(func(x,y),z);
  printf("%\d\n",r);
}
```

该程序的输出的结果是（       ）。

A. 12     B. 13     C. 14     D. 15

18. 以下程序的输出结果是（       ）。

```
#include <stdio.h>
int a, b;
void fun()
{ a=100; b=200;}
void main()
{
  int a=5, b=7;
  fun();
  printf("%d%d \n", a,b);
}
```

A. 100200   B. 57     C. 200100   D. 75

19. 以下程序的输出的结果是（       ）。

```
#include <stdio.h>
static incre()
{
  int x=1;
  x*=x+1;
  printf("%d ",x);
}
int x=3;
void main()
{
  int i;
  for (i=1;i<x;i++) incre();
}
```

A. 3 3     B. 2 2     C. 2 6     D. 2 5

20. 以下程序的输出结果是（       ）。

```
#include <stdio.h>
int a=3;
void main()
{
  int s=0;
  { int a=5; s+=a++;}
    s+=a++;printf("%d\n",s);
}
```

A. 8      B. 10     C. 7      D. 11

21. 以下程序的输出结果是（　　　）。

```
#define SQR(X) X*X
#include <stdio.h>
void main()
{
    int a=16, k=2, m=1;
    a/=SQR(k+m)/SQR(k+m);
    printf("%d\n",a);
}
```

A. 16　　　　　　　B. 2　　　　　　　C. 9　　　　　　　D. 1

22. 程序中头文件 type1.h 的内容是：

```
#define N 5
#define M1 N*3
```

程序如下：

```
#include "type1.h"
#define M2 N*2
#include <stdio.h>
void main()
{
    int i;
    i=M1+M2; printf("%d\n",i);
}
```

程序编译后运行的输出结果是（　　　）。

A. 10　　　　　　　B. 20　　　　　　　C. 25　　　　　　　D. 30

23. 下面程序的输出结果是（　　　）。

```
#include <stdio.h>
#define SUB(X,Y) (X)*Y
void main()
{
    int a=3, b=4;
    printf("%d", SUB(a++,b++));
}
```

A. 12　　　　　　　B. 15　　　　　　　C. 16　　　　　　　D. 20

## 二、填空题

1. 如果使用库函数，一般还应该在本文件开头用_____命令将调用有关库函数时所需用到的信息包含到本文件中。

2. C 语言规定，简单变量做实参时，它和对应形参之间的数据传递方式是_____。即实参对形参的数据传送是单向的，只能把_____的值传送给_____。

3. C 语言允许函数值类型缺省定义，此时该函数值隐含的类型是_____。

4. 如果一函数直接或间接地调用自身，这样的调用称为_____。

5. 已知函数 swap(int x,int y)可完成对 x 和 y 值的交换。运行下面的程序：

```
#include <stdio.h>
int swap(int x,int y)
{
```

```
    int t;
    t=x; x=y; y=t;
    return x,y;
}
void main()
{
    int a=1,b=2;
    swap(a,b);
    printf("%d,%d\n",a,b);
}
```

　　a 和 b 的值分别为_____，原因是_____。

6. 如果一函数只允许同一程序文件中的函数调用，则应在该函数定义前加上_____修饰。

7. 凡是函数中未指定存储类别的变量，其隐含的存储类别为_____。

8. 有定义"double var;"且 var 是文件 file1.c 中的一个全局变量定义，若文件 file2.c 中的某个函数也需要访问 var，则在文件 file2.c 中 var 应说明为_____。

9. 在函数外定义的变量称为_____变量。

10. 根据函数能否被其他文件调用，将函数分为_____和_____，分别用_____和_____修饰，缺省时系统默认为_____。

11. 在一个 C 源程序文件中，若要定义一个只允许本源文件中所有函数使用的全局变量，则该变量需要使用的存储类别是_____。

12. C 语言中有 3 种预处理命令：_____、_____、_____。

13. 预处理命令均以_____符号开头，它不是 C 语句，不必在行末加_____。

14. 宏定义分为_____的宏定义和_____的宏定义。

15. 要使用 strcpy 函数，需要在使用前包含_____文件，而要使用 sqrt 或 fabs 函数，需要在使用前包含_____文件。

## 三、阅读程序题

```
1. #include <stdio.h>
   int max(int x,int y)
   {
     int z;
     z=(x>y)?x:y;
     return(z);
   }
   void main()
   {
     int a=1,b=2,c;
     c=max(a,b);
     printf("max is %d\n",c);
   }
2. #include <stdio.h>
   void func2(int x)
   {
     x=30;
     printf("%d\n",x);
```

```
    }
    void func1( int x)
    {
      x=20;
      func2(x);
      printf("%d\n",x);
    }
    void main()
    {
      int x=10;
      func1(x);
      printf("%d\n",x);
    }
```

3. ```
   #include <stdio.h>
   int sub(int n);
   void main()
   {
     int i=5;
     printf("%d\n",sub(i));
   }
   int sub(int n)
   {
     int a;
     if (n==1) return 1;
     a=n+sub(n-1);
     return(a);
   }
   ```

4. ```
   #include <stdio.h>
   long fib(int g)
   {
     switch(g)
     {
       case 0:return 0;
       case 1:case2:return 1;
     }
     return fib(g-1)+fib(g-2);
   }
   void main()
   {
     long k;
     k=fib(7);
     printf("k=%d\n",k);
   }
   ```

5. ```
   #include <stdio.h>
   void main()
   {
     int x=10;
     {
   ```
   ```

```
      int x=20;
      printf("%d ,",x);
    }
    printf("%d\n",x);
}
```

6. 
```
#include <stdio.h>
int plus(int x,int y);
int a=5;int b=7;
void main()
{
  int a=4,b=5,c;
  c=plus(a,b);
  printf("A+B=%d\n",c);
}
int plus(int x,int y)
{
  int z;
  z=x+y;
  return(z);
}
```

7. 
```
#include <stdio.h>
void add();
void main()
{
  int i;
  for(i=0; i<3; i++)
  add();
}
void add()
{
  static int x=0;
  x++;
  printf("%d,",x);
}
```

8. 
```
#include <stdio.h>
int f(int);
void main()
{
  int a=2,i;
  for(i=0;i<3;i++)printf("%d",f(a));
}
int f(int a)
{
  int b=0;static int c=3;
  b++;c++;
  return(a+b+c);
}
```

9. 
```
#include <stdio.h>
long fun(int n)
```

```
{
  long s;
  if ((n==1)||(n==2))
  s=2;
  else
  s=n+fun(n-1);
  return(s);
}
void main()
{
  long x;
  x=fun(4);
  printf("%ld\n",x);
}
```

10. 
```
#include <stdio.h>
int func(int,int);
void main()
{
  int k=4,m=1,p;
  p=func(k,m); printf("%d,",p);
  p=func(k,m); printf("%d \n",p);
}
int func(int a,int b)
{
  static int m=0,i=2;
  i+=m+1;
  m=i+a+b;
  return m;
}
```

11. 
```
#include <stdio.h>
#define MAX(x,y)  (x)>(y)?(x):(y)
void main()
{
  int a=5,b=2,c=3,d=3,t;
  t=MAX(a+b,c+d)*10;
  printf("%d\n",t);
}
```

12. 
```
#include <stdio.h>
#define MUL(x,y)  (x)*y
void main()
{
  int a=3,b=4,c;
  c=MUL(a+1,b+2);
  printf("%d\n",c);
}
```

13. 
```
#include <stdio.h>
#define DEBUG
void main()
{
```

```
    int a=14,b=15,c;
    c=a/b;
    #ifdef DEBUG
    printf("a=%d,b=%d,",a,b);
    #endif
    printf("c=%d\n",c);
}
```

## 四、程序填空题

1. 下面程序的功能是计算以下分段函数的值。

$$y=\begin{cases} 2.5-x & 0\leqslant x<2 \\ 2-1.5(x-3)^2 & 2\leqslant x<4 \\ \dfrac{x}{2}-1.5 & 4\leqslant x<6 \end{cases}$$

```
#include <stdio.h>
double y(_____①_____)
{
  if (x>=0&&x<2)
    return(2.5-x);
  else if (x>=2&&x<4)
    return(2-1.5*(x-3)*(x-3));
  else if (x>=4&&x<6)
    return(x/2.0-1.5);
}
void main()
{
  float x;
  printf("Please enter x:");
  scanf("%f",&x);
  if (_____②_____)
    printf("f(x)=%f\n",y(x));
  else
    printf("x is out!\n");
}
```

2. 下面程序的功能是求这样一个三位数，该三位数等于其每位数字的阶乘之和。即：abc = a!+b!+c!。

```
#include <stdio.h>
void main()
{
  int a[5],i,t,k;
  int f(int);
  for (i=100;i<1000;i++)
  {
    for(t=0,k=1000;k>=10;t++)
    {
      a[t]=(i%k)/(k/10);
      _____①_____
    }
    if (f(a[0])+f(a[1])+f(a[2])==i)
    printf("%d\n",i);
  }
```

```
}
int f(int m)
{
  int i=0,t=1;
  while(++i<=m) _____②_____
  return(t);
}
```

3. 下面程序的功能是用递归实现将输入小于 32 768 的整数按逆序输出。如输入 12345，则输出 54321。

```
#include <stdio.h>
void fr(int);
void main()
{
  int n;
  printf("Input n:");
  scanf("%d",&n);
  fr(n);
  printf("\n");
}
void fr(int m)
{
  printf ("%d",m%10);
  m= _____;
  if (m>0)  fr(m);
}
```

## 五、编写程序题

1. 计算下面函数的值。

$$f(x,y,z)=\frac{\sin x}{\sin(x-y)\sin(x-z)}+\frac{\sin y}{\sin(y-z)\sin(y-x)}+\frac{\sin z}{\sin(z-z)\sin(z-y)}$$

2. 设计一个函数，输出整数 $n$ 的所有素数因子。

3. 设计函数，从键盘输入一行字符，返回最长单词的长度，同时输出该单词的位置。

4. 用递归方法计算 $x$ 的 $n$ 阶勒让多项式的值。

$$p_n(x)=\begin{cases}1 & n=0\\ x & n=1\\ \dfrac{(2n-1)xp_{n-1}(x)-(n-1)p_{n-2}(x)}{n} & n>1\end{cases}$$

5. 编写函数，采用递归方法将任一整数转换为二进制数。

6. 根据输出半径 $r$，分别求圆的面积 $S$ 和周长 $L$，用带参数的宏实现。

# 参 考 答 案

## 一、选择题

| 1. D | 2. D | 3. C | 4. C | 5. C | 6. A |
| 7. D | 8. C | 9. B | 10. D | 11. D | 12. D |

13. D      14. D      15. B      16. C      17. D      18. B

19. B      20. A      21. B      22. C      23. A

## 二、填空题

1. #include

2. 传值方式      实参      形参

3. int

4. 递归

5. 1      2      传值方式，形参变化不影响实参

6. static

7. auto

8. extern double var

9. 全局

10. 内部函数      外部函数      static      extern      extern

11. extern

12. 宏定义      文件包含      条件编译

13. #      ;

14. 不带参数      带参数

15. string.h      math.h

## 三、阅读程序题

1. max is 2

2. 30

     20

     10

3. 15

4. k=13

5. 20      10

6. A+B=9

7. 1,2,3

8. 789

9. 9

10. 8,17

11. 7

12. 18

13. a=14,b=15,c=0

## 四、程序填空题

1. ①float x            ②x>=0&&x<6

2.　①k/=10;　　　　　　　　②t*=i;

3.　m/10

## 五、编写程序题

1.　参考程序：

```
#include <stdio.h>
#include <math.h>
float f(float,float,float);
void main()
{
  float x,y,z,sum;
  printf("\ninput x,y,z:\n");
  scanf("%f%f%f",&x,&y,&z);
  sum=f(x,x-y,x-z)+f(y,y-z,y-x)+f(z,z-x,z-y);
  printf("sum=%f\n",sum);
}
float f(float a,float b,float c)
{
  float value;
  value=sin(a)/sin(b)/sin(c);
  return(value);
}
```

2.　参考程序：

```
#include <stdio.h>
int prime(int n)
{
  int i,flag=1;
  for(i=2;i<=n/2;i++)
    if (n%i==0)
      {flag=0; return flag;}
  return flag;
}
void factor(int n)
{
  int i;
  i=2;
  while (i<=n)
  {
    if ((n%i==0)&&prime(i))
    {
      printf("%d  ",i);
      n=n/i;
      continue;
    }
    i++;
  }
}
void main()
{
```

```
    int num;
    printf("Enter num:");
    scanf("%d",&num);
    printf("prime factor is:\n");
    factor(num);
}
```

3. 分析：程序的关键是如何判断单词。因为只有一行字符，回车符可用于控制程序结束，单词以空格符、制表符做分隔符。inword 变量记录当前字符的状态，inword==1 表示当前字符在单词内，inword==0 表示当前字符不在单词内，max、num 记录当前最大单词的长度和开始位置。由于函数只能返回一个值，可以考虑将 max 作为函数的返回值，num 作为全局变量记录单词的开始位置。

参考程序：

```
#include <stdio.h>
int num;
int length()
{
  int max,count,weizhi,n;
  int c,inword=0;
  max=0; n=0;
  count=0; weizhi=1;
  while(c=getchar())
    {
      if ((c==' ')||(c=='\t')||(c=='\n'))
      {
        if ((inword==1)&&(count>max))
        {
          max=count;
          num=n;
        }
        if (c=='\n') return max;
          inword=0;
      }
        else if (inword==0)
        {
          inword=1;
          count=1;
          n=weizhi;
        }
      else count++;
      weizhi++;
    }
}
void main()
{
  printf("max=%d ",length());
  printf("num=%d\n",num);
}
```

4. 参考程序：

```c
#include <stdio.h>
float p(int n,int x)
{
  float t,t1,t2;
  if (n==0) return(1);
  if (n==1)
    return(x);
  else
    {
      t1=(2*n-1)*x*p((n-1),x);
      t2=(n-1)*p((n-2),x);
      t=(t1-t2)/n;
      return(t);
    }
}
```

5. 参考程序：

```c
#include <stdio.h>
void turn(int n,int a[ ],int k)
{
  if (n>0)
  {
    a[k]=n%2;
    turn(n/2,a,k-1);
  }
  else return;
}
void main()
{
  int i,n,a[16]={0};
  printf("Please enter n:");
  scanf("%d",&n);
  turn(n,a,15);
  for(i=0;i<16;i++)
  printf("%d",a[i]);
}
```

6. 参考程序：

```c
#include <stdio.h>
#define PI 3.14159
#define S(x) PI*x*x
#define L(x) 2*PI *x
void main()
{
  float  r ;
  scanf("%f",&r);
  printf("S=%.2f \n", S(r));
  printf("L=%.2f \n", L(r));
}
```

# 第**11**章 —— 数 组

## 一、选择题

1. 对定义语句"int a[10]={6,7,8,9,10};"的正确理解是（　　　）。

   A. 将 5 个初值依次赋给 a[1]至 a[5]

   B. 将 5 个初值依次赋给 a[0]至 a[4]

   C. 将 5 个初值依次赋给 a[6]至 a[10]

   D. 因为数组长度与初值的个数不相同，所以此语句不正确

2. 以下能对一维数组 a 进行正确初始化的语句是（　　　）。

   A. int a[10]=(0,0,0,0,0);　　　　　B. int a[10]={}

   C. int a[]={0};　　　　　　　　　　D. int a[10]={10*1};

3. 以下对一维整型数组 a 的正确定义是（　　　）。

   A. int a(10);　　　　　　　　　　　B. int n=10,a[n];

   C. int n;　　　　　　　　　　　　　D. #define SIZE 10

   　　scanf("%d",&n);　　　　　　　　　　int a[SIZE];

   　　int a[n];

4. 要定义一个 int 型一维数组 art，并使其各元素具有初值 89，−23，0，0，0，不正确的定义语句是（　　　）。

   A. int art[5]={89,−23};　　　　　　B. int art[ ]={89,−23};

   C. int art[5]={89,−23,0,0,0};　　　D. int art[ ]={89,−23,0,0,0};

5. 已知"int a[3][4]={0};"，则下面正确的叙述是（　　　）。

   A. 只有元素 a[0][0]可得到初值 0

   B. 此说明语句是错误的

   C. 数组 a 中的每个元素都可得到初值，但其值不一定为 0

   D. 数组 a 中的每个元素均可得到初值 0

6. 以下正确的语句是（　　　）。

   A. int a[1][4]={1,2,3,4,5};　　　　B. float x[3][]={{1},{2},{3}};

   C. long b[2][3]={{1},{1,2},{1,2,3}};　　D. double y[][3]={0};

7. 若二维数组 a 有 m 列，则在 a[i][j] 之前的元素个数为（　　　）。

    A. i*m+j           B. j*m+i           C. i*m+j-1           D. i*m+j+1

8. 下述对 C 语言字符数组的描述中错误的是（　　　）。

    A. 字符数组可以存放字符串

    B. 字符数组的字符串可以整体输入、输出

    C. 可以在赋值语句中通过赋值运算符 "=" 对字符数组整体赋值

    D. 不可以用关系运算符对字符数组中的字符串进行比较

9. 要使字符数组 str 存放一个字符串 "ABCDEFGH"，正确的定义语句是（　　　）。

    A. char str[8]={'A','B','C','D','E','F','G','H'};

    B. char str[8]="ABCDEFGH";

    C. char str[ ]={'A','B','C','D','E','F','G','H'};

    D. char str[ ]="ABCDEFGH";

10. 要使字符数组 STR 含有 "ABCD"、"EFG" 和 "XY" 三个字符串，不正确的定义语句有（　　　）。

    A. char STR[ ][4]={"ABCD","EFG","XY"};

    B. char STR[ ][5]= {"ABCD","EFG","XY"};

    C. char STR[ ][6]= {"ABCD","EFG","XY"};

    D. char STR[ ][7]={{'A','B','C','D','\0'},"EFG","XY"};

11. 有两个字符数组 a 和 b，则以下正确的输入格式是（　　　）。

    A. gets(a,b);                      B. scanf ("%s%s",a,b);

    C. scanf("%s%s",&a,&b);          D. gets("a"), gets("b");

12. 若使用一维数组名作函数实参，则以下说法正确的是（　　　）。

    A. 必须在主调函数中说明此数组的大小

    B. 实参数组类型与形参数组类型可以不匹配

    C. 在被调函数中，不需要考虑形参数组的大小

    D. 实参数组名与形参数组名必须一致

13. 已有以下数组定义和 f 函数调用语句，则在 f 函数的说明中，对形参数组 array 的错误定义方式为（　　　）。

```
int a[3][4];
f(a);
```

    A. f(int array[][6])                B. f(int array[3][])

    C. f(int array[][4])                D. f(int array[2][5])

14. 下面程序段的输出结果是（　　　）。

```
char s[12]="string";
printf("%d",strlen(s));
```

    A. 12           B. 7           C. 6           D. 5

15. 下面程序段的输出结果是（　　　）。

```
Char c[]="\t\b\\\0will\n";
printf("%d", strlen (c));
```

    A. 14           B. 3           C. 9           D. 输出值不确定

16. 下列程序运行后的输出结果是（　　　）。

```c
#include <stdio.h>
void main()
{
  char arr[2][4];
  strcpy(arr,"you"); strcpy(arr[1],"me");
  arr[0][3]='&';
  printf("%s \n",arr);
}
```

　A. you&ne　　　　　　B. you　　　　　　C. me　　　　　　D. err

17. 有如下程序：

```c
#include <stdio.h>
void main()
{
  int  n[5]={0,0,0},i,k=2;
  for(i=0;i<k;i++)  n[i]=n[i]+1;
  printf("%d\n",n[k]);
}
```

该程序的输出结果是（　　　）。

　A. 不确定的值　　　B. 2　　　　　　C. 1　　　　　　D. 0

18. 有如下程序：

```c
#include <stdio.h>
void main()
{
  int a[3][3]={{1,2},{3,4},{5,6}},i,j,s=0;
  for(i=1;i<3;i++)
  for(j=0;j<i;j++)  s+=a[i][j];
  printf("%d\n",s);
}
```

该程序的输出结果是（　　　）。

　A. 14　　　　　　B. 19　　　　　　C. 20　　　　　　D. 21

19. 以下程序的输出结果是（　　　）。

```c
#include <stdio.h>
void main()
{
  int i,a[10];
  for(i=9;i>=0;i--) a[i]=10-i;
  printf("%d%d%d",a[2],a[5],a[8]);
}
```

　A. 258　　　　　　B. 741　　　　　　C. 852　　　　　　D. 36

20. 以下程序的输出结果是（　　　）。

```c
#include <stdio.h>
void main()
{
  char st[20]= "hello\0\t\\";
```

```
    printf("%d %d \n",strlen(st),sizeof(st));
}
```

A. 9 9         B. 5 20         C. 13 20         D. 20 20

21. 以下程序的输出结果是（　　　）。

```
#include <stdio.h>
void main()
{
    int b[3][3]={0,1,2,0,1,2,0,1,2},i,j,t=1;
    for(i=0;i<3;i++)
    for(j=i;j<=i;j++) t=t+b[i][b[j][j]];
    printf("%d\n",t);
}
```

A. 3         B. 4         C. 1         D. 9

22. 有以下程序：

```
#include <stdio.h>
void main()
{
    int p[7]={11,13,14,15,16,17,18},i=0,k=0;
    while(i<7&&p[i]%2){k=k+p[i];i++;}
    printf("%d\n",k);
}
```

运行后的输出结果是（　　　）。

A. 24         B. 45         C. 56         D. 58

23. 以下函数的功能是通过键盘输入数据，为数组中的所有元素赋值。

```
#define N 10
void arrin(int x[N])
{
    int i=0;
    while(i<N)
    scanf("%d",_____);
}
```

在下画线处应填入的是（　　　）。

A. x+i         B. &x[i+1]         C. x+(i++)         D. &x[++i]

**二、填空题**

1. 构成数组的各个元素必须具有相同的_____。如果一维数组的长度为 n，则数组下标的最小值为_____，最大值为_____。

2. 在 C 语言中，二维数组元素在内存中的存放顺序是_____。

3. 字符数组是用来存放_____的数组，字符数组中一个元素存放_____个字符。

4. 已知 "int a[][3]={1,2,3,4,5,6,7,8,9,10};"，则数组 a 的第一维的大小是_____。

5. 在 C 语言中存放字符 'A' 需要占用_____个字节,存放字符串"A"需要占用_____个字节。

6. 语句 "printf("%s\n","c:\\office\\word.exe");" 的输出结果是_____。

7. 已知 s1、s2 和 s3 是 3 个有足够元素个数的字符数组，利用库函数并借助于 s3，可以交换 s1 和 s2 中的字符串，实现这一交换过程的语句序列是_____。

8. 已知 s1、s2 和 s3 是 3 个有足够元素个数的字符串变量，其值分别是 aaa、bbbb 和 ccccc，则执行语句"strcat(strcpy(s2,s3),s1);"后，s1、s2 和 s3 的值分别是_____、_____、_____。

9. 与用变量作为函数实参一样，用数组元素作为函数的实参时，是_____方式。其被调函数对调用函数的影响是通过_____语句来实现的。

10. 用数组名作为函数的实参时，不是把数组元素的_____传递给形参，而是把实参数组的_____传递给形参数组，这样两个数组就共占同一段内存单元。

11. 执行语句序列：

```
chat str1[ ]="ABCD",str2[10]="XYZxyz";
for(int i=0;str2[i]=str1[i];i++);
```

后，数组 str2 中的字符串是_____。

12. 下面程序的功能是_____。

```
#include <stdio.h>
void main()
{
  char s[80];
  int i,j;
  gets(s);
  for(i=j=0;s[i]!='\0';i++)
    if (s[i]!='c') s[j++]=s[i]
  puts(s);
}
```

13. 下列程序段的输出结果是_____。

```
#include <stdio.h>
void main()
{
  char b[]="Hello,you";
  b[5]=0;
  printf("%s \n", b);
}
```

14. 若变量 n 中的值为 24，则 printf 函数共输出_____行，最后一行有_____个数。

```
void prnt(int n, int aa[])
{
  int i;
  for(i=1;i<=n;i++)
  {
    printf("%6d", aa[i]);
    if (!(i%5)) printf("\n");
  }
  printf("\n");
}
```

15. 若有以下程序：

```
#include <stdio.h>
void main()
{
  int a[4][4]={{1,2,-3,-4},{0,-12,-13,14},{-21,23,0,-24},{-31,32,-33,0}};
```

```
    int i,j,s=0;
    for(i=0;i<4;i++)
    {
      for(j=0;j<4;j++)
      {
        if (a[i][j]<0) continue;
        if (a[i][j]==0) break;
        s+=a[i][j];
      }
    }
    printf("%d\n",s);
}
```

运行后输出的结果是_____。

16. 以下程序的运行结果是_____，其算法是_____。

```
#include <stdio.h>
void main()
{
  int a[5]={5,10,-7,3,7},i,t,j;
  sort(a);
  for(i=0;i<=4;i++)printf("%2d",a[i]);
}
void sort(int a[])
{
  int i,j,t;
  for(i=0;i<4;i++)
  for(j=0;j<4-i;j++)
    if (a[j]>a[j+1]) {t=a[j];a[j]=a[j+1];a[j+1]=t;}
}
```

## 三、阅读程序题

1.
```
#include <stdio.h>
void main()
{
  char str[30];
  scanf ("%s",str);
  printf("%s",str);
}
```

运行程序，输入为：Fortran Language。

2. 执行语句序列：
```
char s1[10]="abcdef", s2[20]="inter";
scanf("%s",s1);
int k=0,j=0;
while(s2[k]) k++;
while(s2[j]) s2[--k]=s1[++j];
```

若键盘输入的是 net，则 s1 中的字符串是什么？s2 中的字符串是什么？

3.
```
#include <stdio.h>
void main()
```

```
{
  char a[]="morning",t;
  int i,j=0;
  for(i=1;i<7;i++) if (a[j]<a[i])j=i;
  t=a[j];a[j]=a[7];
  a[7]=a[j];puts(a);
}
```

4. 
```
#include <stdio.h>
#include <string.h>
void main()
{
  char str[100]="How do you do";
  strcpy( str+strlen(str)/2,"es she");
  printf ("%s\n",str);
}
```

5. 
```
#include <stdio.h>
void main()
{
  int i, n[]={0,0,0,0,0};
  for(i=1;i<=4;i++)
  {
    n[i]=n[i-1]*2+1;
    printf("%d",n[i]);
  }
}
```

6. 
```
#include <stdio.h>
f(int b[],int m,int n)
{
  int i,s=0;
  for(i=m;i<n;i=i+2) s=s+b[i];
  return s;
}
void main()
{
  int x,a[]={1,2,3,4,5,6,7,8,9};
  x=f(a,3,7);
  printf("%d\n",x);
}
```

7. 
```
#include <stdio.h>
void reverse(int a[ ],int n)
{
  int i,t;
  for(i=0;i<n/2;i++)
  {
    t=a[i]; a[i]=a[n-1-i];a[n-1-i]=t;
  }
}
void main()
{
```

```
    int b[10]={1,2,3,4,5,6,7,8,9,10}; int i,s=0;
    reverse(b,8);
    for(i=6;i<10;i++) s+=b[i];
    printf("%d\n",s);
}
```

8. 
```
#include <string.h>
void f(char p[][10],int n)
{
  char t[20]; int i,j;
  for(i=0;i<n-1;i++)
    for(j=i+1;j<n;j++)
      if (strcmp(p[i],p[j])<0)
      {
          strcpy(t,p[i]);strcpy(p[i],p[j]);strcpy(p[j],t);
      }
}
void main()
{
    char p[][10]={ "abc","aabdfg","abbd","dcdbe","cd"};
    int i;
    f(p,5);
    printf("%d\n",strlen(p[0]));
}
```

## 四、程序填空题

1. 下面程序段的功能是读入 20 个整数，统计非负数个数，并计算非负数之和。

```
#include "stdio.h"
void main()
{
  int i,a[20],s,count;
  s=count=0;
  for ( i=0; i<20; i++)
    scanf("%d",_____①_____);
  for ( i=0; i<20; i++)
  {
    if (a[i]<0)
    _____②_____;
    s+=a[i];
    count++;
  }
  printf("s=%d\t count=%d\n",s,count);
}
```

2. 下面程序段的功能是将一个数组中的值按逆序重新存放，例如，原来顺序是 8，5，3，2，则运行后顺序为 2，3，5，8。

```
…
#define N 10
int i,j,a[N];
…
for ( i=0, j=_____; i<j; i++, j--)
```

```
{
  k=a[i];
  a[i]=a[j];
  a[j]=k;
}
…
```

3. 下面程序段的功能是产生如下形式的杨辉三角形。

```
1
1   1
1   2   1
1   3   3   1
1   4   6   4   1
…
#include <stdio.h>
#define N 11
void main()
{
  int a[N][N],i,j;
  for (i=1;i<N;i++)
  {
    a[i][1]=1;
    a[i][i]=1;
  }
  for(_____①_____; i<N; i++)
    for (j=2;_____②_____;j++)
      a[i][j]=_____③_____+a[i-1][j];
…
}
```

4. 下列程序最多从键盘上输入 99 个字符，遇到 "\n" 后则退出，遇到空格则换成字符 "#"，对其他字符依次原样送入数组 c 中。

```
#include "stdio.h"
void main()
{
  int i;
  char ch,c[100];
  for (i=0;_____①_____;i++)
  {
    if ((ch=getchar())=='\n') _____②_____;
    if (ch==' ') _____③_____;
    c[i]=ch;
  }
  c[i]='\0'; puts(c);
}
```

5. 下面 fun 函数的功能是将形参 x 的值转换成二进制数，所得二进制数的每一位数放在一维数组中返回，二进制数的最低位放在下标为 0 的元素中，其他依此类推。

```
fun(int x,int b[])
{
  int k=0,r;
```

```
   do
   {
     r=x%_____①_____;
     b[k++]=r;
     x/=_____②_____;
   } while(x);
}
```

6. 以下程序用来对从键盘上输入的两个字符串进行比较，然后输出两个字符串中第一个不相同字符的 ASCII 码之差。例如，输入的两个字符串分别为 abcdef 和 abceef，则输出为−1。

```
#include <stdio.h>
#include <string.h>
void main()
{
   char str1[100],str2[100],c;
   int i,s;
   printf("\n input string 1:\n"); gets(str1);
   printf("\n input string 2:\n"); gets(str2);
   i=0;
   while((str1[i]==str2[i])&&(str1[i]!=_____①_____)) i++;
   s=_____②_____;
   printf("%d\n",s);
}
```

7. 以下程序的功能是：从键盘上输入若干个学生的成绩，统计计算出平均成绩，并输出低于平均分的学生成绩，用输入负数结束输入。

```
#include <stdio.h>
void main()
{
   float x[1000],sum=0.0,ave,a;
   int n=0,i;
   printf("Enter mark: \n"); scanf("%f",&a);
   while(a>=0.0&&n<1000)
   {
     sum+_____①_____;
     x[n]=_____②_____;
     n++;scanf("%f",&a);
   }
   ave=_____③_____;
   printf("Output: \n");
   printf("ave=%f\n",ave);
   for (i=0;i<n;i++)
      if (_____④_____) printf ("%f\n",x[i]);
}
```

8. 下面程序的功能是：将字符数组 a 中下标值为偶数的元素从小到大排列，其他元素不变。

```
#include <stdio.h>
#include <string.h>
void main()
{
   char a[]="clanguage",t;
```

```
    int i,j,k;
    k=strlen(a);
    for(i=0; i<=k-2; i+=2)
      for(j=i+2; j<=k;_____①_____)
        if (_____②_____)
        {
          t=a[i]; a[i]=a[j]; a[j]=t;
        }
    puts(a);
    printf("\n");
}
```

9. 函数 binary 的作用是应用折半查找法从存有 10 个整数的 a 数组中对关键字 m 进行查找，若找到，返回其下标值；反之，返回-1。数组 a 中的 10 个整数按升序排序。

```
int binary(int a[10],int m)
{
  int low=0,high=9,mid;
  while(low<=high)
  {
    mid=(low+high)/2;
    if (m<a[mid]) _____①_____;
    else if (m>a[mid]) _____②_____;
    else return(mid);
  }
  return(-1);
}
```

## 五、编写程序题

1. 有一个已经排好序的数组，现输入一个数，要求按原来排序的规律将它插入到数组中。

2. 输入 20 个正整数，然后重新安排这个序列的顺序，使得最小数位于序列的首部，最大数位于序列的尾部。输出处理前后的这两个整数序列。

3. 输入一个 5 行 5 列的矩阵，计算该矩阵最外圈元素之和。

4. 输入二维数组 a[3][5]，输出其中最小值和最大值及其对应的行列位置。

5. 输入一个字符串，统计指定字符的个数。例如，若输入字符串"abcddcba"，指定字符 c，则统计个数为 2。

6. 设计一函数，将一个字符串中的所有小写字母转换成相应的大写字母。

7. 10 个小孩围成一圈分糖，老师分给第 1 个小孩 10 块，第 2 个小孩 2 块，第 3 个小孩 8 块，第 4 个小孩 22 块，第 5 个小孩 16 块，第 6 个小孩 4 块，第 7 个小孩 10 块，第 8 个小孩 6 块，第 9 个小孩 14 块，第 10 个小孩 20 块。然后所有的小孩同时将自己手中的糖分一半给右边的小孩；糖块数为奇数的人可向老师再要一块。问经过这样几次调整后大家手中的糖的块数都一样？每人各有多少块糖？

8. 将一个数的数码倒过来所得到的新数叫做原数的反序数。如果一个数等于它的反序数，则称它为对称数。求不超过 1993 的最大的二进制对称数。

9. 已知两个三位平方数 abc 和 xyz，其中数码 a、b、c、x、y、z 未必是不同的，而 ax、by、cz 是 3 个两位平方数。求三位数 abc 和 xyz。

10. 编写一个函数实现将字符串 str1 和字符串 str2 合并，合并后的字符串按其 ASCII 码值从小到大进行排序，相同的字符在新字符串中只出现一次。

11. 从键盘输入 10 个整数，用插入法对输入的数据按照从小到大的顺序进行排序，将排序后的结果输出。

12. 从键盘输入 10 个整数，用合并排序法对输入的数据按照从小到大的顺序进行排序，将排序后的结果输出。

13. 将 1，2，3，4，5，6，7，8，9 九个数字分成三组，每个数字只能用一次，即每组三个数不许有重复数字，也不许同其他组的三个数字重复，要求将每组中的三位数组成一个完全平方数。

14. 输入 5×5 的数组，编写程序实现：
   （1）求出对角线上各元素的和；
   （2）求出对角线上行、列下标均为偶数的各元素的积；
   （3）求出对角线上其值最大的元素和它在数组中的位置。

15. 对数组 A 中的 N（0 < N < 100）个整数从小到大进行连续编号，输出各个元素的编号。要求不能改变数组 A 中元素的顺序，且相同的整数要具有相同的编号。例如，若数组是 A=(5,3,4,7,3,5,6)，则输出为(3,1,2,5,1,3,4)。

16. 现将不超过 2000 的所有素数从小到大排成第一行，第二行上的每个数都等于它"右肩"上的素数与"左肩"上的素数之差。求出第二行数中是否存在这样的若干个连续的整数，它们的和恰好是 1898？假如存在的话，又有几种这样的情况？
   第一行：2 3 5 7 11 13 17 ··· 1979 1987 1993
   第二行： 1 2 2 4 2 4 ··· 8 6

17. 为了实现高精度的加法，可将正整数 M 存放在有 N（N>1）个元素的一维数组中，数组的每个元素存放一位十进制数，即个位存放在第一个元素中，十位存放在第二个元素中，……，依此类推。这样通过对数组中每个元素的按位加法就可实现对超长正整数的加法。使用数组完成两个超长（长度小于 100）正整数的加法。

# 参 考 答 案

## 一、选择题
1. B        2. C        3. D        4. B        5. D
6. D        7. A        8. C        9. D        10. A
11. B       12. C       13. B       14. C       15. B
16. A       17. D       18. A       19. C       20. B
21. B       22. A       23. C

## 二、填空题
1. 数据类型      0        n-1
2. 按行存放
3. 字符        1

4. 4

5. 1      2

6. c:\office\word.exe

7. strcpy(s3,s1); strcpy(s1,s2); strcpy(s2,s3);

8. aaa     ccccccaaa     ccccc

9. 传值     return

10. 值     首地址

11. ABCD

12. 将字符串 s 中所有的字符 c 删除

13. Hello

14. 5     4

15. 58

16. −7 3 5 7 10     冒泡排序

## 三、阅读程序题

1. Fortran

2. net     fe

3. mo

4. How does she

5. 13715

6. 10

7. 22

8. 5

## 四、程序填空题

1. ①&a[i]     ②continue

2. N−1

3. ①i=3     ②j<i     ③a[i−1][j−1]

4. ①i<99     ②break     ③ch='#'

5. ①2     ②2

6. ①'\0'或 0     ②str1[i]−str2[i]

7. ①=a     ②a     ③sum/n     ④x[i]<ave

8. ①j+=2     ②a[i]>a[j]

9. ①high=mid     ②low=mid

## 五、编写程序题

1. 参考程序：

```
#include <stdio.h>
void main()
{
```

```
    int a[11]={3,4,7,9,10,13,14,15,18,20};
    int i,j,n;
    scanf ("%d",&n);
    i=0;
    while (i<10)
    {
        if (n<a[i])
        {
            for (j=10; j>i; j--)
              a[j]=a[j-1];
            a[i]=n;break;
        }
        else i++;
    }
    if (i>=10)
    a[10]=n;
    for (i=0;i<11;i++)
      printf("%4d",a[i]);
}
```

2. 参考程序:

```
#include <stdio.h>
void main()
{
  int a[20],i,max,min,p,q,t;
  for (i=0; i<20; i++)
    scanf ("%d",&a[i]);
  max=min=a[0];
  for (i=0; i<20; i++)
  {
      if (a[i]>max) {max=a[i]; p=i;}
      if (a[i]<min) {min=a[i]; q=i;}
   }
  for (i=0; i<20; i++)
      printf("%d",a[i]);
  t=a[0];a[0]=a[q]; a[q]=t;
  t=a[19];a[19]=a[p];a[p]=t;
  for (i=0; i<20; i++)
      printf("%d",a[i]);
}
```

3. 参考程序:

```
#include <stdio.h>
void main()
{
  int a[5][5],i,j,sum=0;
  for (i=0;i<5;i++)
    for (j=0; j<5; j++)
      scanf("%d",&a[i][j]);
   i=0;
    for (j=0;j<5;j++)
```

```
       sum+=a[i][j];
     j=0;
     for (i=0;i<5;i++)
       sum+=a[i][j];
     i=4;
     for(j=0;j<5;j++)
       sum+=a[i][j];
     j=4;
     for (i=0; i<5; i++)
       sum+=a[i][j];
     sum=sum-a[0][0]-a[0][4]-a[4][0]-a[4][4];
     printf("%d",sum);
   }
```

4. 参考程序：

```
   #include <stdio.h>
   void main()
   {
     int a[3][5],i,j,max,min,p1,q1,p2,q2;
     for (i=0; i<3; i++)
       for (j=0; j<5; j++ )
         scanf("%d",&a[i][j]);
     max=min=a[0][0];
     for (i=0; i<3; i++)
       for (j=0; j<5; j++)
       {
           if (a[i][j]>max) {max=a[i][j]; p1=i;q1=j;}
           if (a[i][j]<min) {min=a[i][j]; p2=i; q2=j;}
       }
     printf("max=a[%d][%d]=%d,min=a[%d][%d]=%d\n",p1,q1,max,p2,q2,min);
   }
```

5. 参考程序：

```
   #include <stdio.h>
   void main()
   {
     char s[30],ch; int i,count=0;
     printf("input a string:");
     gets(s);
     scanf("%c",ch);
     for (i=0; s[i];i++)
       if (s[i]==ch) count++;
     printf("%d\n",count);
   }
```

6. 参考程序：

```
   #include <stdio.h>
   void main()
   {
     char str[30]; int i;
     gets(str);
```

```
        for (i=0; str[i];i++)
          if (str[i]>='a'&&str[i]<='z') str[i]=str[i]-32;
        str[i]='\0';
        puts(str);
      }
```

7. 参考程序：

```
#include <stdio.h>
void main()
{
  int i,count=0,a[11]={0,10,2,8,22,16,4,10,6,14,20};
  while(1)
  {
    for(i=1;i<=10;i++)
    a[i-1]=a[i-1]/2+a[i]/2;
    a[10]=a[10]/2+a[0];
    for(i=1;i<=10;i++)
    if (a[i]%2==1) a[i]++;
    for(i=1;i<10;i++)
    if (a[i]!=a[i+1]) break;
    if (i==10) break;
    else
    {
      a[0]=0;
      count++;
    }
  }
  printf("count=%d number=%d\n",count,a[1]);
}
```

8. 参考程序：

```
#include <stdio.h>
void main()
{
  int i,j,n,k,a[16]={0};
  for(i=1;i<=1993;i++)
  {
    n=i;k=0;
    while(n>0)                          /* 将十进制数转变为二进制数 */
    {
      a[k++]=n%2;
      n=n/2;
    }
    for(j=0;j<k;j++)
      if (a[j]!=a[k-j-1]) break;
    if (j>=k)
    {
      printf(" %d: ",i);
      for(j=0;j<k;j++)
        printf("%2d",a[j]);
```

```
        printf("\n");
      }
    }
}
```

9. 参考程序：

```
#include <stdio.h>
void main()
{
  void f(int, int *);
  int i,t,a[3],b[3];
  printf("The possible perfect squares combinations are:\n");
  for(i=11;i<=31;i++)                     /* 穷举三位平方数的取值范围 */
    for(t=11;t<=31;t++)
    {
      f(i*i,a);                           /* 分解三位平方数的各位，每位数字分别存入数组中 */
      f(t*t,b);
      if (sqrt(a[0]*10+b[0])==(int)sqrt(a[0]*10+b[0])
       &&sqrt(a[1]*10+b[1])==(int)sqrt(a[1]*10+b[1])
       &&sqrt(a[2]*10+b[2])==(int)sqrt(a[2]*10+b[2]))
                                          /* 若三个新的数均是完全平方数 */
          printf(" %d and %d\n",i*i,t*t);      /* 则输出 */
    }
}
void f(int n, int *s)
/* 分解三位数 n 的各位数字，将各个数字从高到低依次存入指针 s 所指向的数组中 */
{
  int k;
  for(k=1000;k>=10;s++)
  {
    *s = (n%k)/(k/10);
    k /= 10;
  }
}
```

10. 参考程序：

```
#include <stdio.h>
#include <string.h>
strcmbn(char a[],char b[],char c[]) /* 数组合并函数：将数组a，b合并到C */
{
  char tmp;
  int i,j,k,m,n;
  m=strlen(a);
  n=strlen(b);
  for(i=0;i<m-1;i++)                      /* 对数组 a 排序 */
  {
    for(j=i+1,k=i;j<m;j++)
      if (a[j]<a[k]) k=j;
    tmp=a[i]; a[i]=a[k]; a[k]=tmp;
  }
  for(i=0;i<n-1;i++)                      /* 对数组 b 排序 */
```

```
    {
        for(j=i+1,k=i;j<n;j++)
            if (b[j]<b[k]) k=j;
        tmp=b[i]; b[i]=b[k]; b[k]=tmp;
    }
    i=0;j=0;k=0;
    while(i<m&&j<n)                        /* 合并 */
        if (a[i]>b[j])
            c[k++]=b[j++];                 /* 将a[i]、b[j]中的小者存入c[k] */
        else
        {
            c[k++]=a[i++];
            if (a[i-1]==b[j]) j++;         /* 如果a、b当前元素相等，则删掉一个 */
        }
    while(i<m) c[k++]=a[i++];              /* 将a或b中剩余的数存入c */
    while(j<n) c[k++]=b[j++];
    c[k]='\0';
}
```

11. 参考程序：

```
#include <stdio.h>
void main()
{
    int i,j,num,a[10];
    for(i=0;i<10;i++)
    {
        printf("Enter No. %d:", i+1);
        scanf("%d",&num);
        for(j=i-1;j>=0&&a[j]>num;j--)
            a[j+1]=a[j];
        a[j+1]=num;
    }
    for(i=0;i<10;i++)
        printf ("No.%d=%d\n", i+1, a[i]);
}
```

12. 分析：此题给出的参考程序使用了指针和函数递归的概念。读者可在学习完指针的概念后再研究此题。放于此处主要是便于和其他排序方法比较。

合并排序法排序的步骤是：第一次将数组中相邻的 2 个数两两排序，第二遍 4 个 4 个地排序，第三遍 8 个 8 个地排序……。程序中的合并排序函数（mergesort）采用了递归调用。例如有一组数是：4, 3, 1, 81, 45, 8, 0, 4, -9, 26, 7, 4, 2, 9, 1, -1

采用合并排序法的过程如下：

| | | | | | | | | | | | | | | | |
|---|---|---|---|---|---|---|---|---|---|---|---|---|---|---|---|
| 未排序时 | 4 | 3 | 1 | 81 | 45 | 8 | 0 | 4 | -9 | 26 | 7 | 4 | 2 | 9 | 1 | -1 |
| 第一遍后 | 3 | 4 | 1 | 81 | 8 | 45 | 0 | 4 | -9 | 26 | 4 | 7 | 2 | 9 | -1 | 1 |
| 第二遍后 | 1 | 3 | 4 | 81 | 0 | 4 | 8 | 45 | -9 | 4 | 7 | 26 | -1 | 1 | 2 | 9 |
| 第三遍后 | 0 | 1 | 3 | 4 | 4 | 8 | 45 | 81 | -9 | -1 | 1 | 2 | 4 | 7 | 9 | 26 |
| 第四遍后 | -9 | -1 | 0 | 1 | 1 | 2 | 3 | 4 | 4 | 4 | 7 | 8 | 9 | 26 | 45 | 81 |

参考程序：

```c
#define N 16
#include "stdio.h"
void merge(int a[],int b[],int c[],int m)
/* 数组合并函数：将长度为 m 的数组 a，b 合并到 c */
{
  int i=0,j=0,k=0;
  while(i<m&&j<m)
    if (a[i]>b[j])
      c[k++]=b[j++];                   /* 将 a[i]、*b[j]中的小 */
    else c[k++]=a[i++];                /* 者存入 c[k] */
  while(i<m) c[k++]=a[i++];            /* 将 a 或 b 中剩余的数 */
  while(j<m) c[k++]=b[j++];            /* 存入 c */
}
void mergesort(int w[],int n)
/* 数组排序函数：对长度为 n 的数组 w 排序 */
{
  int i,t,ra[N];
  for(i=1;i<n;i*=2);
    if (i==n)
      {
        if (n>2)                       /* 递归调用结束条件 */
        {
          mergesort (w,n/2);           /* 将数组 w 一分为二，递归调用 mergesort */
          mergesort (w+n/2,n/2);
          merge( w,w+n/2,ra,n/2 );      /* 将排序后的两数组重新合并 */
          for(i=0;i<n;i++)
          w[i]=ra[i];
        }
        else if (*w>*(w+1))
        {
          t=*w; *w=*(w+1); *(w+1)=t;
        }
      }
    else printf("Error:size of array is not a power of 2/n");
  }
void main()
{
  int i;
  static int key[N]={4,3,1,81,45,8,0,4,-9,26,7,4,2,9,1,-1};
  mergesort(key,N);
  for(i=0;i<N;i++)
  printf("%d ",key[i]);
  printf("\n");
}
```

13. 分析：本问题的思路很多，这里介绍一种简单快速的算法。首先求出三位数中不包含 0 且是某个整数平方的三位数，这样的三位数是不多的。然后将满足条件的三位数进行组合，使得所选出的三个三位数的九个数字没有重复。程序中可以将寻找满足条件三位数的过程和对该三位数进行数字分解的过程结合起来。

参考程序：

```c
#include <stdio.h>
void main()
{
    int a[20],num[20][3],b[10];          /* a: 存放满足条件的三位数 */
    /* num: 满足条件的三位数分解后得到的数字，b: 临时工作 */
    int i,j,k,m,n,t,flag;
    printf("The 3 squares with 3 different digits each are:\n");
    for(j=0,i=11;i<=31;i++)              /* 求出是平方数的三位数 */
    if (i%10 != 0)                        /* 若不是 10 的倍数，则分解三位数 */
    {
        k=i*i;                            /* 分解该三位数中的每一个数字 */
        num[j+1][0]=k/100;                /* 百位 */
        num[j+1][1]=k/10%10;              /* 十位 */
        num[j+1][2]=k%10;                 /* 个位 */
        if (!(num[j+1][0]==num[j+1][1]||num[j+1][0]==num[j+1][2]
          ||num[j+1][1]==num[j+1][2]) )
                                          /* 若分解的三位数字均不相等 */
            a[++j]=k;                     /* j: 计数器，统计已找到的满足要求的三位数 */
    }
    for(i=1;i<=j-2;++i)                    /* 从满足条件的三位数中选出三个进行组合 */
    {
        b[1]=num[i][0];                   /* 取第 i 个数的三位数字 */
        b[2]=num[i][1];
        b[3]=num[i][2];
        for(t=i+1;t<=j-1;++t)
        {
            b[4]=num[t][0];               /* 取第 t 个数的三位数字 */
            b[5]=num[t][1];
            b[6]=num[t][2];
            for(flag=0, m=1;!flag&&m<=3;m++)   /* flag: 出现数字重复的标记 */
                for(n=4;!flag&&n<=6;n++)        /* 判断前两个数的数字是否有重复 */
                    if (b[m]==b[n]) flag=1;      /* flag=1: 数字有重复 */
            if (!flag)
                for(k=t+1;k<=j;++k)
                {
                    b[7]=num[k][0];       /* 取第 k 个数的三位数字 */
                    b[8]=num[k][1];
                    b[9]=num[k][2];
                                          /* 判断前两个数的数字是否与第三个数的数字重复 */
                    for(flag=0,m=1;!flag&&m<=6;m++)
                        for(n=7;!flag&&n<=9;n++)
                            if (b[m]==b[n]) flag=1;
                    if (!flag)            /* 若均不重复则输出结果 */
                        printf("%d, %d, %d\n",a[i],a[t],a[k]);
                }
        }
    }
}
```

14. 参考程序：

```c
#include <stdio.h>
void main()
```

```
{
  int i,j,s1=0,s2=1,a[5][5];
  for(i=0;i<5;i++)
    for(j=0;j<5;j++)
    {
      printf("%d %d: ",i,j);
      scanf("%d",&a[i][j]);
    }
  for(i=0;i<5;i++)
  {
    for(j=0;j<5;j++)
      printf("%5d",a[i][j]);
    printf("\n");
  }
  j=0;
  for(i=0;i<5;i++)
  {
    s1=s1+a[i][i];
    if (i%2==0) s2=s2*a[i][i];
    if (a[i][i]>a[j][j]) j=i;
  }
  printf("SUN=%d\nACCOM=%d\na[%d]=%d\n",s1,s2,j,a[j][j]);
}
```

15. 参考程序:

```
#include <stdio.h>
void main()
{
  int i,j,k,n,m=1,r=1,a[2][100]={0};
  printf("Please enter n:");
  scanf("%d",&n);
  for(i=0;i<n;i++)
  {
    printf("a[%d]= ",i);
    scanf("%d",&a[0][i]);
  }
  while(m<=n)                    /* m 记录已经登记过的数的个数 */
  {
    for(i=0;i<n;i++)            /* 记录未登记过的数的大小 */
    {
      if (a[1][i]!=0)          /* 已登记过的数跳过去 */
        continue;
      k=i;
      for(j=i;j<n;j++)         /* 在未登记过的数中找最小数 */
        if (a[1][j]==0&&a[0][j]<a[0][k]) k=j;
      a[1][k]=r++;             /* 记录名次，r 为名次 */
      m++;                    /* 登记过的数增 1 */
      for(j=0;j<n;j++)         /* 记录同名次 */
        if (a[1][j]==0&&a[0][j]==a[0][k])
        {
```

```
            a[1][j]=a[1][k];
            m++;
          }
          break;
        }
    }
    for(i=0;i<n;i++)
    printf("a[%d]=%d, %d\n",i,a[0][i],a[1][i]);
}
```

16. **参考程序**：

```
#include <stdio.h>
void main()
{
  int i,j,k=0,m=2,s,r=0,a[500];
  printf("%4d ",m);
  for(i=3;i<=2000;i++)
  {
    for(j=2;j<=i-1;j++)
      if (i%j==0) break;
    if (j==i)
    {
      printf("%4d ",i);
      a[k++]=i-m;
      m=i;
    }
  }
  for(i=0;i<k;i++)
  {
    s=0;
    for(j=i;j<k;j++)
    {
      s=s+a[j];
      if (s>=1898) break;
    }
    if (s==1898)
    r++;
  }
  printf("\nresult=%d\n",r);
}
```

17. **参考程序**：

```
#include "stdio.h"
int a[20],b[20];
void main()
{
  int t=0,*m,*n,*k,*j,z,i=0;
  printf("Input number 1:");
  do
  {
    a[++t]=getchar()-'0';
```

```
}while(a[t]!=-38);
printf("Input number 2:");
do
{
  b[++i]=getchar()-'0';
}while(b[i]!=-38);
if (t>i)
  {
    m=a+t;n=b+i;j=a;k=b;z=i;
  }
else
{
  m=b+i;n=a+t;j=b;k=a;z=t;
}
while(m!=j)
{
  (*(--n-1))+=(*(--m)+*n)/10;
  *m=(*m+*n)%10;
  if (n==k+1&&*k!=1 ) break;
  if (n==k+1&&*k)
  {
    n+=19;*(n-1)=1;
  }
  if (n>k+z&&*(n-1)!=1) break;
}
while (*(j++)!=-38) printf("%d",*(j-1));
printf("\n");
}
```

# 第**12**章 指 针

## 一、选择题

1. 已知 "double d;"，希望指针变量 pd 指向 d，下面对指针变量 pd 的正确定义是（    ）。

    A. double pd;
                        B. double &pd

    C. double *pd
                        D. double *(pd)

2. 若 x 为整型变量，p 是指向整型数据的指针变量，则正确的赋值表达式是（    ）。

    A. p=&x
          B. p=x
          C. *p=&x
          D. *p=*x

3. 已知 "int i=0,j=1,*p=&i,*q=&j;"，则错误的语句是（    ）。

    A. i=*&j;
          B. p=&*&i;
          C. j=*p;
          D. i=*&q;

4. 函数的功能是交换变量 x 和 y 中的值，且通过正确调用返回交换的结果。能正确执行此功能的函数是（    ）。

    A. funa(int *x,int *y)

        { int *p; *p=x; *x=*y; *y=*p;}

    B. funb(int x,int y)

        { int t; t=x; x=y; y=t;}

    C. func(int *x,int *y)

        { *x=*y; *y=*x;}

    D. fund(int *x,int *y)

        { int t; t=*x; *x=*y; *y=t;}

5. 已知 "int a[10]={1,2,3,4,5,6,7,8,9,10},*p=a;"，则不能表示数组 a 中元素的表达式是（    ）。

    A. *p
          B. a[10]
          C. *a
          D. a[p-a]

6. 已知 "int a[]={1,2,3,4},y,*p=&a[0];"，则执行语句 "y=++(*p);" 之后，下面（    ）元素的值发生了变化。

    A. a[0]
          B. a[1]
          C. a[2]
          D. 都没有发生变化

7. 已知 "int a[]={1,2,3,4},y,*p=&a[1];"，则执行语句 "y=*p++;" 之后，变量 y 的值为（    ）。

    A. 3
          B. 2
          C. 1
          D. 4

8. 已知 "int a[]={1,2,3,4,5,6},*p=a;"，则值为 3 的表达式是（　　　）。

    A. p+=2,*(p++)　　　　B. p+=2,++p　　　　C. p+=3,*p++　　　　D. p+=2,++*p

9. 已知 "int a[3][4],*p=a;"，则 p 表示（　　　）。

    A. 数组 a 的 0 行 0 列元素　　　　　　　B. 数组 a 的 0 行 0 列地址

    C. 数组 a 的 0 行首地址　　　　　　　　D. 数组 a 的 0 行元素

10. 已知 "int a[3][4],*p;"，若要指针变量 p 指向 a[0][0]，正确的表示方法是（　　　）。

    A. p=a　　　　　　　　　　　　　　　B. p=*a

    C. p=**a　　　　　　　　　　　　　　D. p=a[0][0]

11. 已知 "double b[2][3],*p=b;"，下面哪个不能表示数组 b 的 0 行 0 列元素（　　　）。

    A. b[0][0]　　　　　　B. **p　　　　　　C. *p[0]　　　　　　D. *p

12. 设有定义 "int (*ptr)[M];"，其中的标识符 ptr 是（　　　）。

    A. M 个指向整型变量的指针

    B. 指向 M 个整型变量的函数指针

    C. 一个指向 M 个整型元素的一维数组的指针

    D. 具有 M 个指针元素的一维指针数组，每个元素都只能指向整型变量

13. 有以下程序段：

```
void main()
{
    int a=5,*b,**c;
    c=&b; b=&a;
    …
}
```

    程序在执行了 "c=&b;b=&a;" 语句后，表达式**c 的值是（　　　）。

    A. 变量 a 的地址　　　　　　　　　　　B. 变量 b 中的值

    C. 变量 a 中的值　　　　　　　　　　　D. 变量 b 的地址

14. 已知 "int i,x[3][4];"，则不能把 x[1][1] 的值赋给变量 i 的语句是（　　　）。

    A. i=*(*(x+1)+1)　　　　　　　　　　B. i=x[1][1]

    C. i=*(*(x+1))　　　　　　　　　　　D. i=*(x[1]+1)

15. 已知 "static int a[2][3]={2,4,6,8,10,12};"，则正确表示数组元素地址的是（　　　）。

    A. *(a+1)　　　　　　　　　　　　　　B. *(a[1]+2)

    C. a[1]+3　　　　　　　　　　　　　　D. a[0][0]

16. 已知 "char str[]="OK!";"，则对指针变量 ps 的说明和初始化是（　　　）。

    A. char ps=str;　　　　　　　　　　　B. char *ps=str;

    C. char ps=&str;　　　　　　　　　　D. char *ps=&str;

17. 下面不正确的字符串赋值或赋初值的方式是（　　　）。

    A. char *str; str="string";

    B. char str[7]={'s','t','r','i','n','g'};

    C. char str[10]; str="string";

    D. char str1[]="string",str2[20]; strcpy(str2,str1);

18. 已知 "char b[5],*p=b;"，则正确的赋值语句是（　　　）。

    A. b="abcd";      B. *b="abcd";      C. p="abcd";      D. *p="abcd"

19. 已知 "char s[20]="programming",*ps=s;"，则不能引用字母 o 的表达式是（　　　）。

    A. ps+2      B. s[2]      C. ps[2]      D. ps+=2,*ps

20. 已知 "char s[100]; int i=10;"，则在下列引用数组元素的语句中，错误的表示是（　　　）。

    A. s[i+10]      B. *(s+i)      C. *(i+s)      D. *((s++)+i)

21. 已知 "double *p[6];"，它的含义是（　　　）。

    A. p 是指向 duoble 型变量的指针      B. p 是 double 型数组

    C. p 是指针数组      D. p 是数组指针

22. 已知 "char *aa[2]={"abcd","ABCD"};"则以下说法正确的是（　　　）。

    A. aa 数组元素的值分别是 "abcd" 和 "ABCD"

    B. aa 是指针变量，它指向含有两个数组元素的字符型一维数组

    C. aa 数组的两个元素分别存放的是含有 4 个字符的一维字符数组的首地址

    D. aa 数组的两个元素中各自存放了字符 "a" 和 "A" 的地址

23. 若有以下调用语句，则不正确的 fun 函数的首部是（　　　）。

```
void main()
{ …
  int a[50],n;
  …
  fun(n,&a[9]);
  …
}
```

    A. void fun(int m,int x[])      B. void fun(int s,int h[41])

    C. void fun(int p,int *s)      D. void fun(int n,int a)

24. 设已有定义 "char *st="how are you";"，则下列程序段中正确的是（　　　）。

    A. char a[11], *p; strcpy(p=a+1,&st[4]);      B. char a[11]; strcpy(++a, st);

    C. char a[11]; strcpy(a, st);      D. char a[], *p; strcpy(p=&a[1],st+2);

25. 以下正确的叙述是（　　　）

    A. C 语言允许 main 函数带形参，且形参个数和形参名均可由用户指定

    B. C 语言允许 main 函数带形参，形参名只能是 argc 和 argv

    C. 当 main 函数带有形参时，传给形参的值只能从命令行列中得到

    D. 若有说明：main(int argc,char *argv);，则形参 argc 的值必须大于 1

26. 有如下程序：

```
#include <stdio.h>
void main()
{
  char ch[2][5]={"6937","8254"},*p[2];
  int i,j,s=0;
  for(i=0;i<2;i++) p[i]=ch[i];
  for(i=0;i<2;i++)
```

```
        for(j=0;p[i][j]>'\0';j+=2)
          s=10*s+p[i][j]-'0';
      printf("%d\n",s);
   }
```

该程序的输出结果是（　　　）。

A. 69825    B. 63825    C. 6385    D. 693825

27. 以下程序的输出结果是（　　　）。

```
#include <stdio.h>
char cchar(char ch)
{
   if (ch>='A'&&ch<='Z') ch=ch-'A'+'a';
   return ch;
}
void main()
{
   char s[]="ABC+abc=defDEF",*p=s;
   while(*p)
   {
     *p=cchar(*p);
     p++;
   }
   printf("%s\n",s);
}
```

A. abc+ABC=DEFdef    B. abc+abc=defdef

C. abcaABCDEFdef    D. abcabcdefdef

28. 以下程序的输出结果是（　　　）。

```
#include <stdio.h>
#include <string.h>
void main()
{
   char b1[8]="abcdefg",b2[8],*pb=b1+3;
   while(--pb>=b1) strcpy(b2,pb);
   printf("%d\n",strlen(b2));
}
```

A. 8    B. 3    C. 1    D. 7

29. 以下程序调用 findmax 函数返回数组中的最大值。

```
#include <stdio.h>
findmax(int *a,int n)
{
   int *p,*s;
   for(p=a,s=a;p-a<n;p++)
     if (_____) s=p;
   return(*s);
}
void main()
{
   int x[5]={12,21,13,6,18};
```

```
    printf("%d\n",findmax(x,5));
}
```

在下画线处应填入的是（　　　）。

A. p>s　　　　　　　B. *p>*s　　　　　　　C. a[p]>a[s]　　　　　　　D. p-a>p-s

30. 有以下程序：

```
#include <stdio.h>
int *f(int *x,int *y)
{
    if (*x<*y)
        return x;
    else
        return y;
}
void main()
{
    int a=17,b=18,*p,*q,*r;
    p=&a;
    q=&b;
    r=f(p,q);
    printf("%d,%d,%d\n",*p,*q,*r);
}
```

运行后输出结果是（　　　）。

A. 17,18,18　　　　　B. 17,18,17　　　　　C. 18,17,17　　　　　D. 18,17,18

31. 阅读以下函数：

```
fun(char *s1,char *s2)
{
    int i=0;
    while(s1[i]==s2[i]&& s2[i]!='\0')i++;
    return(s1[i]=='\0'&&s2[i]=='\0');
}
```

此函数的功能是（　　　）。

A. 将 s2 所指字符串赋给 s1

B. 比较 s1 和 s2 所指字符串的大小，若 s1 比 s2 的大，函数值为 1，否则函数值为 0

C. 比较 s1 和 s2 所指字符串是否相等，若相等，函数值为 1，否则函数值为 0

D. 比较 s1 和 s2 所指字符串的长度，若 s1 比 s2 的长，函数值为 1，否则函数值为 0

二、填空题

1. 已知 "int *p,a;"，则语句 "p=&a;" 中的运算符 "&" 的含义是_____。

2. 设有定义 "float f1=15.2,f2,*pf1=&f1;"，如果希望变量 f2 的值为 15.2，可使用赋值语句_____或_____。

3. 在 C 语言中，指针变量的值增 1，表示指针变量指向下一个_____，指针变量中具体增加的字节数由系统自动根据指针变量的_____决定。

4. 已知 "int a[5],*p=a;"，则 p 指向数组元素_____，那么 p+1 指向_____。

5. 设 "int a[10],*p=a;"，则对 a[3]的引用可以是_____、_____或_____。

6. 在 C 程序中，可以通过 3 种运算来移动指针：_____、_____、_____。

7. 设有如下定义：

   int a[5]={10,11,12,13,14},*p1=&a[1],*p2=&a[4];

   则 p2-p1 的值为_____，*p2-*p1 的值为_____。

8. 已知 "int a[2][3]={1,2,3,4,5,6},*p=&a[0][0];"，则表示元素 a[0][0]的方法有指针法：_____，
   数组名法：_____，*(p+1)的值为_____。

9. 已知：

   char *s1="abc\\\"de",*s2="abc\101+101\'de",*s3="abc\089+980\\";

   则语句 "printf("%s\t%s\t%s\n",s1,s2,s3);" 的运行结果是_____。

10. 若有：

    char *s1="China\\\bBeijing\t",*s2="123\078\0x5",*s3="123\087\0xa";

    则语句 "printf("%d,%d,%d\n",strlen(s1),strlen(s2),strlen(s3));" 的运行结果是_____。

11. 设有 "int *a[4];"，则数组 a 有_____个元素，每个元素都是_____类型，只能指向
    _____变量。

12. 以下程序的功能是：将无符号八进制数字构成的字符串转换为十进制整数。例如，输入的字
    符串为 556，则输出十进制整数 366。

    ```c
    #include <stdio.h>
    void main()
    {
      char *p, s[6];
      int n;
      p=s;
      gets(p);
      n=*p-'0';
      while(_____!='\0')n=n*8+*p-'0';
      printf("%d \n",n);
    }
    ```

13. 下列程序的输出结果是_____。

    ```c
    #include <stdio.h>
    void fun(int *n)
    {
      while((*n)--);
        printf("%d",++(*n));
    }
    void main()
    {
      int a=100;
      fun(&a);
    }
    ```

14. 以下程序的输出结果是_____。

    ```c
    #include <stdio.h>
    void main()
    {
    ```

```
    int arr[]={30,25,20,15,10,5},*p=arr;
    p++;
    printf("%d\n",*(p+3));
}
```

15. 以下程序的输出结果是_____。

```
#include <stdio.h>
void main()
{
    int x=0;
    sub(&x,8,1);
    printf("%d\n",x);
}
sub(int *a,int n,int k)
{
    if (k<=n) sub(a,n/2,2*k);
      *a+=k;
}
```

16. 设有以下程序：

```
#include <stdio.h>
void main()
{
    int a, b, k=4, m=6, *p1=&k, *p2=&m;
    a=p1==&m;
    b=(*p1)/(*p2)+7;
    printf("a=%d\n",a);
    printf("b=%d\n",b);
}
```

运行该程序后，a 的值为_____，b 的值为_____。

17. 以下程序的输出结果是_____。

```
#include <stdio.h>
void main()
{
    char *p="abcdefgh",*r;
    long *q;
    q=(long*)p;
    q++;
    r=(char*)q;
    printf("%s\n",r);
}
```

## 三、阅读程序题

1.
```
#include <stdio.h>
void prtv(int *x)
{
    printf("%d\n",++*x);
}
void main()
{
```

```
    int a=25;
    prtv(&a);
}
```

2. 
```
#include <stdio.h>
void main()
{
    int a[10],i,*p;
    p=a;
    for (i=0; i<10; i++)
      scanf("%d",&a[i]);
    for (;p<a+10;p++)
      printf("%d",*p);
}
```

执行程序，输入：0 1 2 3 4 5 6 7 8 9。

3. 
```
#include <stdio.h>
void main()
{
    int a[]={1,2,3,4,5};
    int x,y,*p;
    p=&a[0];
    x=*(p+2);
    y=*(p+4);
    printf("*p=%d,x=%d,y=%d\n",*p,x,y);
}
```

4. 
```
#include <stdio.h>
void main()
{
    int a[]={1,2,3,4,5,6};
    int *p;
    p=a;
    printf("%d,",*p);
    printf("%d,",*(++p));
    printf("%d,",*++p);
    printf("%d,",*(p--));
    p+=3;
    printf("%d,%d\n",*p,*(a+3));
}
```

5. 
```
#include <stdio.h>
void main()
{
    int a[2][3]={{1,2,3},{4,5,6}};
    int m,*ptr;
    ptr=&a[0][0];
    m=(*ptr)*(*(ptr+2))*(*(ptr+4));
    printf("%d\n",m);
}
```

6.
```c
#include <stdio.h>
void main()
{
  int a[3][4]={1,3,5,7,9,11,13,15,17,19,21,13};
  int (*ptr)[4]; int sum=0,i,j;
  ptr=a;
  for (i=0;i<3;i++)
    for (j=0;j<2;j++)
      sum+=*(*(ptr+i)+j);
  printf("%d\n",sum);
}
```

7.
```c
#include <stdio.h>
void main()
{
  char a[]="language";
  char *ptr=a;
  while(*ptr!='\0')
  {
    printf("%c",*ptr+('A'-'a'));
    ptr++;
  }
}
```

8.
```c
#include <stdio.h>
void main()
{
  char a[6]="abcde",*str=a;
  printf("%c,",*str);
  printf("%c,",*str++);
  printf("%c,",*++str);
  printf("%c,",(*str)++);
  printf("%c\n",++*str);
}
```

9.
```c
#include <stdio.h>
#include <string.h>
void main()
{
  char *p1="abc",*p2="ABC",str[50]="xyz";
  strcpy(str+2,strcat(p1,p2));
  printf("%s\n",str);
}
```

10.
```c
#include <stdio.h>
void main()
{
  int a[5]={2,4,6,8,10},*p,**k;
  p=a;
  k=&p;
  printf("%d",*p++);
  printf("%d\n",**k);
}
```

## 四、程序填空题

1. 下面的程序实现从 10 个数中找出最大值和最小值。

```c
#include <stdio.h>
int max,min;
find_max_min(int *p,int n)
{
  int *q;
  max=min=*p;
  for(q=_____①_____;_____②_____;q++)
    if (_____③_____)max=*q;
    else if (_____④_____)min=*q;
}
void main()
{
  int i,num[10];
  printf("input 10 numbers:\n");
  for(i=0;i<10;i++)
    scanf("%d",&num[i]);
  find_max_min(num,10);
  printf("max=%d,min=%d\n",max,min);
}
```

2. 下面程序通过指向整型的指针将数组 a[3][4]的内容按 3 行 4 列的格式输出，为 printf 函数填入适当的参数，使之通过指针 p 将数组元素按要求输出。

```c
#include <stdio.h>
int a[3][4]={{1,2,3,4},{5,6,7,8},{9,10,11,12}},(*p)[4]=a;
void main()
{
  int i,j;
    for(i=0;i<3;i++ )
      for(j=0;j<4;j++ )
        printf("%4d",_____);
}
```

3. 下面程序的功能是对一批英文单词从小到大进行排序并输出。

```c
#include <string.h>
#include <stdio.h>
sort(char *book[], int num)
{
  int i,j;
  char *temp;
  for(j=1;j<=num-1;j++ )
    for(i=0;_____①_____;i++)
      if (strcmp(book[i],book[i+1])>0)
      {
        temp=book[i];
        book[i]=book[i+1];
        book[i+1]=temp;
      }
}
```

```
void main()
{
  int i;
  char *book[]={"banana","orange","apple","peanut","watermelon","pear"};
  sort(_____②_____);
  for( i=0; i<6; i++ )
    printf("%s\n",book[i]);
}
```

4. 已知某数列前两项为 2 和 3，其后继项根据前面最后两项的乘积按下列规则生成：

（1）若乘积为一位数，则该乘积即为数列的后继项。

（2）若乘积为两位数，则该乘积的十位上的数字和个位上的数字依次作为数列的两个后继项。

下面的程序输出该数列的前 N 项及它们的和，其中，函数 sum(n,pa)返回数列的前 N 项和，并将生成的前 N 项存入首指针为 pa 的数组中，程序中规定输入的 N 值必须大于 2，且不超过给定的常数值 MAXNUM。例如，若输入 N 的值为 10，则程序输出如下内容：

```
sum(10)=44
2 3 6 1 8 8 6 4 2 4
```

程序如下：

```
#include "stdio.h"
#define MAXNUM 100
int sum(int n, int *pa)
{
  int count,total,temp;
  *pa = 2;
  _____①_____=3;
  total=5;
  count=2;
  while(count++<n)
  {
    temp=*(pa-1)**pa;
    if (temp<10)
    {
      total+=temp;
      *(++pa)=temp;
    }
    else
    {
      _____②_____=temp/10;
      total+=*pa;
      if (count<n)
      {
        count++;pa++;
        _____③_____= temp%10;
        total+= *pa;
      }
    }
  }
  _____④_____;
}
void main()
```

```
    {
        int n,*p,*q,num[MAXNUM];
        do
        {
            printf("Input N=?(2<N<%d):",MAXNUM+1);
            scanf("%d",&n);
        }while(_____⑤_____);
        printf("\nsum(%d)=%d\n", n, sum(n, num));
        for(p=num,q =_____⑥_____;p<q;p++ )
            printf("%4d", *p);
        printf("\n");
    }
```

## 五、编写程序题

1. 找出数组 x 中的最大值和该值所在的元素下标，该数组元素从键盘输入。

2. 将方阵 a 中所有边上的元素和两个对角线上的元素置 1，其他元素置 0。要求对每个元素只置一次值。最后按矩阵形式输出 a。

3. 设有 5 个学生，每个学生考 4 门课，查找这些学生有无考试不及格的课程。若某一学生有一门或一门以上课程不及格，就输出该学生的序号（序号从 0 开始）和其全部课程成绩。

4. 读入一个以符号"."结束的长度小于 20 字节的英文句子，检查其是否为回文。回文是指正读和反读都是一样的字符串，不考虑空格和标点符号。例如，读入句子"MADAM I'M ADAM."，它是回文，所以输出"YES"。读入句子"ABCDBA)."，它不是回文，所以输出"NO"。

5. 编写函数，其功能是：对一个长度为 N 的字符串从其第 K 个字符起，删去 M 个字符，组成长度为 N−M 的新字符串（其中 N、M≤80，K≤N）。

6. 编写一个函数 insert(s1,s2,ch)，实现在字符串 s1 中的指定字符 ch 位置处插入字符串 s2。

7. 编写函数将输入的两行字符串连接后，将串中全部空格移到串首后输出。

# 参 考 答 案

## 一、选择题

| | | | | |
|---|---|---|---|---|
| 1. C | 2. A | 3. D | 4. D | 5. B |
| 6. A | 7. B | 8. A | 9. C | 10. B |
| 11. D | 12. C | 13. C | 14. C | 15. A |
| 16. B | 17. C | 18. C | 19. A | 20. D |
| 21. C | 22. D | 23. D | 24. A | 25. C |
| 26. C | 27. B | 28. D | 29. B | 30. B |
| 31. C | | | | |

## 二、填空题

1. 取变量的地址

2. f2=f1;, f2=*pf1;

3. 存储单元　　基类型

4. a[0]    a[1]

5. *(a+3)    *(p+3)    p[3]

6. 指针赋值    加一个整型数    减一个整型数

7. 3    3

8. *p    **a    2

9. abc\"de    abcA+101'de    abc

10. 15,5,3

11. 4    指针    int 型

12. *(++p)

13. 0

14. 10

15. 7

16. 0    7

17. efgh

## 三、阅读程序题

1. 26

2. 0123456789

3. *p=1,x=3,y=5

4. 1,2,3,3,5,4

5. 15

6. 60

7. LANGUAGE

8. a,a,c,c,e

9. xyabcABC

10. 24

## 四、程序填空题

1. ①p            ②q<p+n            ③*q>max            ④*q<min

2. *(*(p+i)+j)或者 p[i][j]

3. ①i<num-1-j            ②book,6

4. ①*++pa            ②*++pa            ③*pa            ④return(total)
   ⑤n<=2||n>=MAXNUM+1            ⑥num+n

## 五、编写程序题

1. 参考程序：

```
#include <stdio.h>
void main()
{
    int x[10], *p1, *p2,k;
    for(k=0;k<10;k++)scanf("%d",x+k);
```

```
    for(p1=x,p2=x;p1-x<10;p1++)
      if (*p1>*p2)p2= p1;
    printf("MAX=%d,INDEX=%d\n",*p2,p2-x);
  }
```

2. 参考程序：

```
#include <stdio.h>
void main()
{
  int a[10][10];
  int i,j=9;
  for(i=0;i<10;i++)
  {
    a[i][i]=1;
    *(*(a+i)+j--)=1;
  }
  for(i=1;i<9;i++)*(*a+i)=1;
  for(i=1;i<9;i++)*(*(a+i))=1;
  for(i=8;i>0;i--)*(*(a+9)+i)=1;
  for(i=8;i>0;i--)*(*(a+i)+9)=1;
  for(i=1;i<=8;i++)
    for(j=1;j<=8;j++)
      if (*(*(a+i)+j)!=1)*(*(a+i)+j)=0;
  for(i=0;i<10;i++)
  {
    for(j=0;j<10;j++)printf("%2d",*(*(a+i)+j));
    printf("\n");
  }
}
```

3. 参考程序：

```
#include <stdio.h>
void main()
{
  int  score[5][4]={{62,87,67,95},{95,85,98,73},{66,92,81,69},{78,56,90,99},
  {60,79,82,89}};
  int(*p)[4],j,k,flag;
  p=score;
  for(j=0;j<5;j++)
  {
    flag=0;
    for(k=0;k<4;k++)
      if (*(*(p+j)+k)<60) flag=1;
    if (flag==1)
    {
      printf("No.%d is fail, scores are:\n",j);
      for(k=0;k<4;k++)
        printf("%5d",*(*(p+j)+k));
      printf("\n");
    }
  }
}
```

4. 参考程序：

```
#include "stdio.h"
void main()
{
  char s[21],*p,*q;
  gets(s);p=s;q=s;
  while(*q!='\0') q++;
  q-=1;
  while(p<q)                    /* 指针 p 指向字符串首，指针 q 指向串末 */
    if (*p++!=*q--)             /* 指针 p、q 同时向中间移动，比较对称的两个字符 */
    {
      printf("NO\n");
      break;
    }
  if (p>=q)
    printf("YES\n");
}
```

5. 参考程序：

```
strcut(char s[],int m,int k)
{
  char *p;
  int i;
  p=s+m;                        /* 指针 p 指向要被删除的字符 */
  while((*p=*(p+k))!='\0')      /* p+k 指向要前移的字符 */
    p++;
}
```

6. 参考程序：

```
void insert(char s1[],char s2[],char ch)
{
  char *p,*q;
  p=s1;
  while(*p++!=ch) ;
    while(*s2!='\0')
  {
    q=p;
    while(*q!='\0') q++;
    while(q>=p)
      *(q+1)=*q--;
    *++q=*s2++;
    p++;
  }
}
```

7. 参考程序：

```
void strcnb(char s1[],char s2[])
{
```

```
char *p; int i=1;
p=s1;
while(*p!='\0') p++;
while((*p++=*s2++)!='\0') ;      /* 将 s2 接于 s1 后面 */
  p=s1;
while(*p!='\0')                  /* 扫描整个字符串 */
{
  if (*p==' ')                   /* 当前字符是空格进行移位 */
  {
    while(*(p+i)== ' ') i++;     /* 寻找当前字符后面的第一个非空格 */
    if (*(p+i)!='\0')
    {
      *p=*(p+i);                 /* 将非空格移于当前字符处 */
      *(p+i)=' ';                /* 被移字符处换为空格 */
    }
    else break;                  /* 寻找非空格时到字符串尾, 移位过程结束 */
  }
  p++;
  }
}
```

# 第13章 结 构 体

## 一、选择题

1. 在如下结构体定义中，不正确的是（ ）。

   A. struct teacher
   ```
   {
       int no;
       char name[10];
       float salary;
   };
   ```

   B. struct tea[20]
   ```
   {
       int no;
       char name[10]
       float salary;
   }
   ```

   C. struct teacher
   ```
   {
       int no;
       char name[10];
       float score;
   }tea[20];
   ```

   D. struct
   ```
   {
       int no;
       char name[10]
       float score;
   }stud[100];
   ```

2. 若有以下说明和语句，则对 pup 中 sex 域的正确引用方式是（ ）。
   ```
   struct pupil
   {
       char name[20];
       int sex;
   }pup,*p;
   p=&pup;
   ```

   A. p.pup.sex

   B. p->pup.sex

   C. (*p).pup.sex

   D. (*p).sex

3. 若有以下程序段：
   ```
   struct dent
   {
       int no;
       int *m;
   ```

```
};
int a=1,b=2,c=3;
struct dent s[3]={{101,&a},{102,&b},{103,&c}};
void main()
{
  struct dent *p;
  p=s;
  …
}
```

则以下表达式中值为 2 的是（    ）。

A. (p++)->m          B. *(p++)->m          C. (*p).m          D. *(++p)->m

4. 已知 head 指向单链表的第一个结点，以下程序调用函数 print 输出这一单向链表。请选择正确内容填空。

```
#include "stdio.h"
#include "stdlib.h"
struct student
{
  int info;
  struct student *link;
};
void print(struct student *head)
{
  struct student *p;
  p=head;
  if (head!=NULL)
  do
    {
      printf("%d",_____(1)_____);
      _____(2)_____;
    }while(p!=NULL);
}
```

（1）A. p->info          B. *p.info          C. info          D. (*p).link

（2）A. p->link=p          B. p=p->link          C. p=NULL          D. p++

5. 已知 head 指向单链表的第一个结点，以下函数 del 完成从单向链表中删除值为 num 的第一个结点。请选择正确内容填空。

```
#include "stdio.h"
struct student
{
  int info;
  struct student *link;
};
struct student *del(struct student *head, int num)
{
  struct student *p1,*p2;
  if (head==NULL)
    printf("\n list null! \n");
  else
```

```
   {
     p1=head;
     while(num!=p1->info&&p1->link!=NULL)
     {
       p2=p1;
       p1=p1->link;
     }
     if (num==p1->info)
     {
         if (p1==head) _____(1)_____;
         else p2->link=_____(2)_____;
         printf("delete:%d\n",num);
     }
     else printf("%d not been found!\n",num);
   }
   return(head);
}
```

（1）A. p2=p1->link    B. head= p1      C. head=p1->link      D. p1->link=head

（2）A. head          B. p1->link        C. p1              D. p1->info

6. 设有以下说明语句:

```
typedef struct
{
  int n;
  char ch[8];
}PER;
```

   则下面叙述中正确的是（　　　）。

   A. PER 是结构体变量名

   B. PER 是结构体类型名

   C. typedef struct 是结构体类型

   D. struct 是结构体类型名

7. 有以下结构体说明和变量的定义，且如图 13-1 所示，指针 p 指向变量 a，指针 q 指向变量 b，则不能把结点 b 连接到结点 a 之后的语句是（　　　）。

```
struct node
{
  char data;
  struct node *next;
}a,b,*p=&a,*q=&b;
```

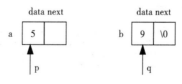

图 13-1　指针指向

A. a.next=q;                   B. p.next=&b;

C. p->next=&b;                D. (*p).next=q;

8. 若已建立如图 13-2 所示的单向链表结构。

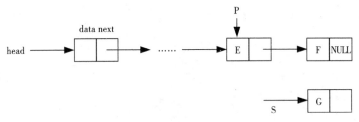

图 13-2　单向链表结构

在该链表结构中，指针 p、s 分别指向图中所示结点，则不能将 s 所指的结点插入到链表末尾仍构成单向链表的语句组是（　　　）。

A. p =p->next; s->next=p; p->next=s;

B. p =p->next; s->next=p->next; p->next=s;

C. s->next=NULL; p=p->next; p->next=s;

D. p=(*p).next; (*s).next=(*p).next; (*p).next=s;

9. 若有以下定义：

```
struct  link
{
  int data;
  struck link *next;
}a,b,c,*p,*q;
```

且变量 a 和 b 之间已有如图 13-3 所示的链表结构。

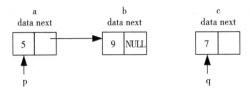

图 13-3　链表结构

指针 p 指向变量 a，q 指向变量 c，则能够把 c 插入到 a 和 b 之间并形成新的链表的语句组是（　　　）。

A. a.next=c;　c.next=b;

B. p.next=q;　q.next=p.next;

C. p->next=&c;　q->next=p->next;

D. (*p).next=q;　(*q).next=&b;

10. 若已建立下面的链表结构，指针 p、s 分别指向图 13-4 所示的结点，则不能将 s 所指的结点插入到链表末尾的语句组是（　　　）。

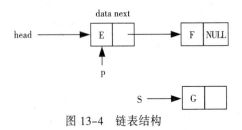

图 13-4　链表结构

A. s->next=NULL; p=p->next; p->next=s;

B. p=p->next; s->next=p->next; p->next=s;

C. p=p->next; s->next=p; p->next=s;

D. p=(*p).next; (*s).next=(*p).next; (*p).next=s;

## 二、填空题

1. 一个结构体变量所占用的空间是_____。

2. 指向结构体数组的指针的类型是_____。

3. 通过指针访问结构体变量成员的两种格式分别为_____和_____。

4. 有如下定义：

```
struct
{
  int x;
  char *y;
}
  tab[2]={{1,"ab"},{2,"cd"}};
  *p=tab;
```

则表达式*p->y 的结果是_____。表达式*(++p)->y 的结果是_____。

5. 有如下定义：

```
struct date
{
  int year,month,day;
}
struct person
{
  char name[8];
  char sex ;
  struct date birthday;
}person1;
```

对结构体变量 person1 的出生年份 year 进行赋值，相应的赋值语句是_____。

6. 链表有一个"头指针"变量，专门用来存放_____。

7. 常用结构体变量作为链表中的结点，每个结点都包括两部分：一个部分是_____，另一个部分是_____。

8. 链表的最后一个结点的指针域常设置为_____，表示链表到此结束。

9. 若要利用下面的程序段使指针变量 p 指向一个存储整型变量的存储单元，则语句中应填入的内容是_____。

```
int *p;
p=_____malloc(sizeof(int));
```

10. 设有以下定义：

```
struct ss
{
  int data;
  struct ss *link;
}x,y,z;
```

且已建立如图 13-5 所示链表结构。

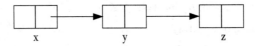

图 13-5　链表结构

则删除点 y 的赋值语句是_____。

## 三、阅读程序题

1. 
```c
#include <stdio.h>
#include <malloc.h>
void fun(float *p1,float *p2,float *s)
{
  s=(float *)calloc(1, sizeof(float));
  *s=*p1+*(p2++);
}
void main()
{
  float a[2]={1.1,2.2}, b[2]={10.0,20.0},*s=a;
  fun(a,b,s);
  printf("%f\n",*s);
}
```

2. 
```c
#include <stdio.h>
void main()
{
  enum team{my,your=4,his,her=his+10};
  printf("%d %d %d %d\n",my,your,his,her);
}
```

3. 
```c
#include <stdio.h>
struct abc
{
  int a, b, c;
};
void main()
{
  struct abc s[2]={{1,2,3},{4,5,6}};
  int t;
  t=s[0].a+s[1].b;
  printf("%d \n ",t);
}
```

4. 
```c
#include <stdio.h>
struct  st
{
  int x,*y;
}*p;
int dt[4]={10,20,30,40};
struct st aa[4]={50,&dt[0],60,&dt[0],60,&dt[0],60,&dt[0]};
void main()
```

```
{
  p=aa;
  printf("%d\n",++(p->x));
}
```

**四、程序填空题**

1. 结构数组中存有 3 人的姓名和年龄，以下程序输出 3 人中年龄最大者的姓名和年龄。

```
#include <stdio.h>
static struct man
{
  char name[20];
  int age;
}person[]={
            "liming",18,
            "wanghua",19,
            "zhangping",20
          };
void main()
{
  struct man *p,*q;
  int old=0;
  p=person;
  for(;p_____①_____;p++)
    if (old<p->age)
      {
        q=p;_____②_____;
      }
  printf("%s %d",_____③_____);
}
```

2. 以下静态建立一个有 2 个学生数据的链表，并输出各结点中的数据。

```
#define NULL 0
#include "stdio.h"
struct student
{
  int num;
  float score ;
  struct student *link;
};
void main()
{
  struct student a,b,*head,*p;
  a.num=0001;
  a.score=459;
  b.num=0002;
  b.score=586;
  head=&a;
  a.link=_____①_____;
  b.link=NULL;
  p=head ;
  do
```

```
    {
        printf("%d,%5.1f\n",_____②_____);
        p=_____③_____;
    }
    while(p!=NULL);
}
```

3. 已知 head 指向一个单链表的第一个结点，链表中每个结点包含数据域（data）和指针域（next），数据域为整型。以下过程求出链表所有链结点数据域的和值。

```
#include <stdio.h>
struct link
{
    int data;
    struct link *next;
};
void main()
{
    struct link *head,*p;
    int s=0;
    struct link a={3,NULL},b={5,NULL},c={7,NULL};
    head=&a; a.next=&b; b.next=&c;      /* 建立包含三个结点的链表作为示例 */
    p=head;
    while(p!=NULL)
    {
        s+=_____①_____;
        p=_____②_____;
    }
    printf("s=%d\n",s );
}
```

4. 以下动态建立一个学生数据的链表，写出创建链表的函数 create，以学号为 0 表示输入结束。

```
#define NULL 0
#include <stdio.h>
#include <malloc.h>
struct student
{
    int num ;
    float score;
    struct student *next;
};
int n;
struct student *create(void)
{
    struct student *head,*p1,*p2;
    n=0 ;
    p1=p2=(struct student *)malloc(_____①_____);
    scanf("%d%f",&p1->num,&p1->score);
    head=NULL;
    while(p1->num!=0)
    {
        n=n+1;
```

```
    if (n==1) head=p1;
    else _____②_____;
    p2=p1;
    p1=p2=(struct student *)malloc(sizeof(struct student));
    scanf("%d%f",&p1->num,&p1->score);
    }
    p2->next=NULL;
    return(head);
}
```

## 五、编写程序题

1. 利用结构体：

```
struct complx
{
  int real;
  int im;
};
```

编写求两个复数之积的函数 cmult，并利用该函数求下列复数之积：

（1）(3+4i)×(5+6i)。

（2）(10+20i)×(30+40i)。

2. 编写成绩排序程序。按学生的序号输入学生的成绩，按照分数由高到低的顺序输出学生的名次、该名次的分数、相同名次的人数和学号；同名次的学号输出在同一行中，一行最多输出 10 个学号。

3. 输入一个时间，屏幕显示一秒后的时间。显示格式为 HH:MM:SS。程序需要处理以下 3 种特殊情况：

（1）若秒数加 1 后为 60，则秒数恢复到 0，分钟数增加 1。

（2）若分钟数加 1 后为 60，则分钟数恢复到 0，小时数增加 1。

（3）若小时数加 1 后为 24，则小时数恢复到 0。

4. 输入字符串，分别统计字符串中所包含的各个不同的字符及其各自字符的数量。例如，若输入字符串 abcedabcdcd，则输出：a=2 b=2 c=3 d=3 e=1。

5. 建立一个教师链表，每个结点包括教师编号（no），姓名（name[8]），工资（wage），编写动态创建函数 creat 和输出函数 print。

6. 在上一题基础上，假如已经按教师编号升序排列（编号不重复），写出插入一个新教师的结点的函数 Insert。

# 参 考 答 案

## 一、选择题

1. B    2. D    3. D    4. A B    5. C B

6. B    7. B    8. A    9. D    10. C

## 二、填空题

1. 各成员所需内存空间的总和

2. 结构体数组的类型

3. (*p).成员名    p->成员名

4. a    c

5. person1.birthday.year=1990;

6. 链表第一个结点的地址

7. 数据域    指针域

8. NULL

9. (int *)

10. x.link=&z 或 x.link=y.ink

## 三、阅读程序题

1. 1.100000

2. 0 4 5 15

3. 6

4. 51

## 四、程序填空题

1. ①<person+3        ②old=p->age        ③q->name, q->age

2. ①&b        ②p->num,p->score        ③p->link

3. ①p->data        ②p->next

4. ①sizeof(struct student)        ②p2->next =p1

## 五、编写程序题

1. 分析：程序中函数 cmult 的形式参数是结构类型，函数 cmult 的返回值也是结构类型。在运行时，实参 za 和 zb 为两个结构变量，实参与形参结合时，将实参结构的值传递给形参结构，在函数计算完毕之后，结果存在结构变量 w 中，main 函数将 cmult 返回的结构变量 w 的值存入到结构变量 z 中。这样通过函数间结构变量的传递和函数返回结构型的计算结果完成两个复数相乘的操作。

参考程序：

```
#include <stdio.h>
struct complx
{
  int real;                    /* real 为复数的实部 */
  int im;                      /* im 为复数的虚部 */
};
struct complx cmult(struct complx,struct complx);
void cpr(struct complx,struct complx,struct complx);
void main()
{
  static struct complx za={3,4}; /* 说明结构静态变量并初始化 */
  static struct complx zb={5,6};
  struct complx x,y,z;
  z=cmult(za,zb);              /* 以结构变量调用 cmult 函数,返回值赋给结构变量 z */
  cpr (za,zb,z);              /* 以结构变量调用 cpr 函数，输出计算结果 */
```

```
   x.real=10; x.im=20;
   y.real=30; y.im=40;                    /* 下一组数据 */
   z=cmult(x,y);
   cpr(x,y,z);
}
struct complx cmult(struct complx za,struct complx zb)
/* 计算复数 za×zb 函数的返回值为结构类型 */
{
   struct complx w;
   w.real=za.real*zb.real-za.im*zb.im;
   w.im=za.real*zb.im+za.im*zb.real;
   return(w);                             /* 返回计算结果，返回值的类型为结构 */
}
void cpr(struct complx za,struct complx zb,struct complx z)
                                          /* 输出复数 za×zb=z */
{
   printf("(%d+%di)*(%d+%di)=",za.real,za.im,zb.real,zb.im);
   printf("(%d+%di)\n",z.real,z.im);
}
```

2. 参考程序一：

```
#include <stdio.h>
struct student
{
   int n;
   int mk;
};
void main()
{
   int i,j,k,count=0,no;
   struct student stu[100],*s[100],*p;
   printf("\nPlease enter mark(if mark<0 is end)\n");
   for(i=0;i<100;i++)
   {
     printf("No.%04d==",i+1);
     scanf("%d",&stu[i].mk);
     s[i]=&stu[i];
     stu[i].n=i+1;
     if (stu[i].mk<=0) break;
     for(j=0;j<i;j++)
     for(k=j+1;k<=i;k++)
     if (s[j]->mk<s[k]->mk)
     {
       p=s[j];
       s[j]=s[k];
       s[k]=p;
     }
   }
   for(no=1,count=1,j=0;j<i;j++)
   {
     if (s[j]->mk > s[j+1]->mk)
```

```
    {
      printf("\nNo.%3d==%4d%4d : ",no,s[j]->mk,count);
      for(k=j-count+1;k<=j;k++)
      {
        printf("%03d ",s[k]->n);
        if ((k-(j-count))%10==0&&k!=j)
        printf("\n ");
      }
    count=1;
    no++;
    }
    else count++;
  }
}
```

参考程序二：

```
#include <stdio.h>
#define N 5
struct student
{
  int number;
  int score;
  int rank;
  int no;
}stu[N];
void main()
{
  int i,j,k,count,rank,score;
  struct student temp;
  for(i=1;i<=N;i++)
  {
    printf("Enter N.o %d=",i);
    scanf("%d%d",&temp.number,&temp.score);
    for(j=i-1;j>0;j--)
    if (stu[j-1].score<temp.score)
    stu[j]=stu[j-1];
    else break;
    stu[j]=temp;
  }
  stu[0].rank=1;
  count=1;
  k=0;
  for(i=0;i<N-1;i++)
  {
    score=stu[i].score;
    rank=stu[i].rank;
    if (stu[i+1].score==stu[i].score)
    {
      stu[i+1].rank=stu[i].rank;
      count++;
    }
```

```
      else
      {
        for(j=0;j<count;j++)
        stu[k+j].no=count-j;
        stu[i+1].rank=stu[i].rank+1;
        count=1;
        k=i+1;
      }
      if (i==N-2)
        for(j=0;j<count;j++)
          stu[k+j].no=count-j;
    }
    for(i=0;i<N;i++)
    {
      rank=stu[i].rank;
      count=stu[i].no;
      printf("\n%3d (%3d)-%d: ",rank,stu[i].score,coun);
      for(k=1;k<=count;k++)
      if ((k-1)%3!=0)
      printf("%d ",stu[i+k-1].number);
      else printf("\n %d ",stu[i+k-1].number);
      i+=count-1;
    }
}
```

3. 参考程序：

```
#include <stdio.h>
struct time
{
  int hour;
  int minute;
  int second;
};
void main()
{
  struct time now;
  printf("Please enter now time(HH,MM,SS)=\n");
  scanf("%d,%d,%d",&now.hour,&now.minute,&now.second);
  now.second++;
  if (now.second==60)
  {
    now.second=0;
    now.minute++;
  }
  if (now.minute==60)
  {
    now.minute=0;
    now.hour++;
  }
  if (now.hour==24)
    now.hour=0;
  printf("\nNow is %02d:%02d:%02d",now.hour,now.minute,now.second);
}
```

4. 参考程序：

```
#include <stdio.h>
struct strnum
{
  int i;
  char ch;
};
void main()
{
  char c;
  int i=0,k=0;
  struct strnum s[100]={0,NULL};
  while((c=getchar())!='\n')
  {
    for(i=0;s[i].i!=0;i++)
    {
      if (c==s[i].ch)
      {
        s[i].i++;
        break;
      }
    }
    if (s[i].i==0)
    {
      s[k].ch=c;
      s[k++].i=1;
    }
  }
  i=0;
  while(s[i].i>0)
  {
    printf("%c=%d ",s[i].ch,s[i].i);
    i++;
  }
}
```

5. 参考程序：

```
#include <stdio.h>
#include <malloc.h>
#define NULL 0
#define LEN sizeof(struct teacher)
struct teacher
{
  int no;
  char name[8];
  float wage;
  struct teacher *next;
};
int n;
struct teacher *creat(void)
{
  struct teacher *head;
  struct teacher *p1,*p2;
  n=0;
  p1=p2=(struct teacher *)malloc(LEN);
  scanf("%d%s%f",&p1->no,p1->name,&p1->wage);
  head=NULL;
```

```
  while(p1->no!=0)
  {
    n=n+1;
    if (n==1)head=p1;
    else p2->next=p1;
    p2=p1;
    p1=(struct teacher *)malloc(LEN);
    scanf("%d%s%f",&p1->no,p1->name,&p1->wage);
  }
  p2->next=NULL;
  return(head);
}
void print(struct teacher *head)
{
  struct teacher *p;
  p=head;
  if (head!=NULL)
    do
    {
      printf("%d\t%s\t%f\n",p->no,p->name,p->wage);
      p=p->next;
    }
    while(p!=NULL);
}
```

6. **参考程序**:

```
struct teacher *insert(struct teacher *head,struct teacher *tea)
{
  struct teacher *p0,*p1,*p2;
  p1=head;
  p0=tea;
  if (head=NULL)
    {
      head=p0;
      p0->next=NULL;
    }
  else
    while((p0->no>p1->no)&&(p1->next!=NULL))
    {
      p2=p1;
      p1=p1->next;}
      if (p0->no<=p1->no)
        {
          if (head==p1) head=p0;
          else p2->next=p0;
          p0->next=p1;
        }
      else
        {
          p1->next=p0;
          p0->next=NULL;
        }
    n=n+1;
  return(head);
}
```

# 第**14**章 共用体与枚举

一、选择题

1. 以下对 C 语言中共用体类型数据的叙述正确的是（　　　）。

    A. 可以对共用体变量名直接赋值

    B. 一个共用体变量中可以同时存放其所有成员

    C. 一个共用体变量中不可能同时存放其所有成员

    D. 共用体类型定义中不能出现结构体类型的成员

2. 设有以下说明，则下面不正确的叙述是（　　　）。

```
union data
{
  int  i;
  char c;
  float f;
}un;
```

    A. un 所占的内存长度等于成员 f 的长度

    B. un 的地址和它的各成员地址都是同一地址

    C. un 可以作为函数参数

    D. 不能对 un 赋值，但可以在定义 un 时对它初始化

3. C 语言共用体型变量在程序运行期间（　　　）。

    A. 所有成员一直驻留在内存中

    B. 只有一个成员驻留在内存中

    C. 部分成员驻留在内存中

    D. 没有成员驻留在内存中

4. 以下对枚举类型名的定义中正确的是（　　　）。

    A. enum a={one,two,three};        B. enum a {one=9,two=-1,three};

    C. enum a={"one","two","three"};     D. enum a {"one","two","three"};

5. 设有以下说明和定义：

```
typedef union
  { long i; int k[5]; char c; }DATE;
```

```
struct date
  { int cat; DATE cow; double dog;}too;
DATE max;
```

则在 VC6.0 中，下列语句的执行结果是（　　　）。

```
printf ("%d",sizeof (struct date )+sizeof(max));
```

A. 46　　　　　　　B. 52　　　　　　　C. 38　　　　　　　D. 30

6. 有以下程序：

```
#include <stdio.h>
void main()
{
  union {
        unsigned int n;
        unsigned char c;
      }u1;
  u1.c='A';
  printf("%c\n",u1.n);
}
```

运行后输出结果是（　　　）。

A. A 的 ASCII 码　　　　　　　　　　　B. a

C. A　　　　　　　　　　　　　　　　　D. 65

7. 以下各选项试图说明一种新的类型名，其中正确的是（　　　）。

A. typedef v1 int;　　　　　　　　　　B. typedef v2=int;

C. typedef int v3;　　　　　　　　　　D. typedef v4: int;

8. 以下程序的输出结果是（　　　）。

```
#include <stdio.h>
union myun
{
  struct
  {
    int x,y,z;
  }u;
  int k;
}a;
void main()
{
  a.u.x=4; a.u.y=5; a.u.z=6;
  a.k=0;
  printf("%d\n",a.u.x);
}
```

A. 4　　　　　　　B. 5　　　　　　　C. 6　　　　　　　D. 0

9. 已知字符 0 的 ASCII 码为十六进制的 30，下面程序的输出结果是（　　　）。

```
#include <stdio.h>
void main()
{
  union {
```

```
        unsigned char c;
        unsigned int i[4];
        }z;
    z.i[0]=0x39;
    z.i[1]=0x36;
    printf("%c\n",z.c);
}
```

  A. 6       B. 9       C. 0       D. 3

10. 下面对 typedef 的叙述中不正确的是（    ）。

  A. 用 typedef 可以定义各种类型名，但不能用来定义变量

  B. 用 typedef 可以增加新类型

  C. 用 typedef 只是将已存在的类型用一个新的标识符来代表

  D. 使用 typedef 有利于程序的通用和移植

11. 表达式～0x13 的值是（    ）。

  A. 0xFFEC     B. 0xFF71     C. 0xFF68     D. 0xFF17

12. 在位运算中，操作数每右移一位，其结果相当于（    ）。

  A. 操作数乘以 2         B. 操作数除以 2

  C. 操作数除以 4         D. 操作数乘以 4

13. 设有以下语句：

```
char x=3,y=6,z;
z=x^y<<2;
```

  则 z 的二进制值是（    ）。

  A. 00010100     B. 00011011     C. 00011100     D. 00011000

14. 设有以下说明：

```
struct packed
{
  unsigned one:1;
  unsigned two:2;
  unsigned three:3;
  unsigned four:4;
} data;
```

  则以下位段数据的引用中不能得到正确数值的是（    ）。

  A. data.one=4    B. data.two=3    C. data.three=2    D. data.four=1

15. 设位段的空间分配由右到左，则以下程序的运行结果是（    ）。

```
#include <stdio.h>
struct packed_bit
{
  unsigned a:2;
  unsigned b:3;
  unsigned c:4;
  int i;
}data;
void main()
{
  data.a=8; data.b=2;
```

```
    printf("%d\n ",data.a+data.b);
  }
```
    A. 语法错　　　　　　　 B. 2　　　　　　　　　 C. 5　　　　　　　　 D. 10

## 二、填空题

1. 共用体变量所占内存长度等于_____。

2. 在下列程序段中，枚举变量 c1 和 c2 的值分别是_____ 和_____。

```
#include <stdio.h>
void main()
{
  enum  color{red,yellow, blue=4,green,white}c1,c2 ;
  c1=yellow;
  c2=white ;
  printf("%d,%d\n",c1,c2);
}
```

3. 以下程序的运行结果是_____。

```
#include <stdio.h>
void main()
{
  union
  {
    int x ;
    struct sc
    {
      char c1;
      char c2;
    }b;
  } a ;
  a.x=0x1234;
  printf("%x,%x\n",a.b.c1,a.b.c2);
}
```

4. 设有以下定义和语句，请在 printf 语句的下画线中填上正确输出的变量及相应的格式说明。

```
union
{
  int  n;
  double  x;
} num ;
num.n=10;
num.x=10.5;
printf("_____ ",_____);
```

5. 以下程序的运行结果是_____。

```
#include <stdio.h>
void main()
{
struct EXAMPLE
{
  union {
          int x;
```

```
            int y;
        } myion;
    int a;
    int b;
}e;
e.a=1 ;
e.b=2;
e.myion.x=e.a*e.b;
e.myion.y=e.a+e.b;
printf("%d,%d",e.myion.x,e.myion.y);
}
```

6. 下面程序的运行结果是_____。

```
#include <stdio.h>
typedef  union student
{
  char name[10];
  long sno;
  char sex;
  float score[4];
}STU;
void main()
{
  STU a[5];
  printf("%d\n",sizeof(a));
}
```

7. 在 C 语言中，&运算符作为单目运算符时表示的是_____运算，作为双目运算符时表示的是_____运算。

8. 设有程序段：

```
int a=1,b=2;
if (a&b) printf("***\n");
else printf("$$$\n");
```

以上程序段的输出结果是_____。

9. 设有定义 "char a,b;"，若要通过 a&b 运算屏蔽掉 a 中的其他位，只保留第 2 和第 8 位（右起为第 1 位），则 b 的二进制数是_____。

10. 测试 char 型变量 a 第 6 位是否为 1 的表达式是_____（设最右位是第一位）。

11. 设 x 是一个整数（16bit），若要通过 x|y 使 x 低 8 位置 1，高 8 位不变，则 y 的八进制数是_____。

12. 设 x=10100011，若要通过 x^y 使 x 的高 4 位取反，低 4 位不变，则 y 的二进制数是_____。

13. 若 x=0123，则表达式(5+(int)(x))&(2)的值是_____。

14. 把 int 类型变量 low 中的低字节及变量 high 中的高字节放入变量 s 中的表达式是_____。

15. 设有程序段：

```
unsigned a=16;
printf("%d,%d,%d\n",a>>2,a=a>>2,a);
```

以上程序段的输出结果是_____。

16. 以下程序的运行结果是_____。

```
void main()
```

```
{
    char a=0x95,b,c;
    b=(a&0xf)<<4;
    c=(a&0xf0)>>4;
    a=b|c;
    printf("%x\n",a);
}
```

17. 设位段的空间分配由右到左，则以下程序的运行结果是_____。

```
struct packed_bit
{
    unsigned a:2;
    unsigned b:3;
    unsigned c:4;
    int i;
}data;
void main()
{
    data.a=1; data.b=2; data.c=3; data.i=0;
    printf("%d\n",data);
}
```

## 三、阅读程序题

1.
```
#include <stdio.h>
union pw
{
    int i;
    char ch[2];
}a;
void main()
{
    a.ch[0]=13;
    a.ch[1]=0;
    printf("%d\n",a.i);
}
```

2.
```
#include <stdio.h>
void main()
{
    struct EXAMPLE
    {
        union
        {
            int x;
            int y;
        }in;
        int a;
        int b;
    }e;
    e.a=1; e.b=2;
    e.in.x=e.a*e.b;
    e.in.y=e.a+e.b;
    printf("%d,%d",e.in.x,e.in.y);
}
```

```
3. #include <stdio.h>
   union ks
   {
     int a;
     int b;
   };
   union ks s[4];
   union ks *p;
   void main()
   {
     int n=1,i;
     printf("\n");
     for(i=0;i<4;i++)
     {
       s[i].a=n;
       s[i].b=s[i].a+1;
       n=n+2;
     }
     p=&s[0];
     printf("%d, ",p->a);
     printf("%d, ",++p->a);
   }
4. #include <stdio.h>
   enum coin { penny,nickel,dime,quarter,half_dollar,dollar};
   char *name[]={"penny","nickel","dime","quarter","hal_fdollar","dollar"};
   void main()
   {
     enum coin money1,money2;
     money1=dime;
     money2=dollar;
     printf("%d %d ",money1,money2);
     printf("%s %s\n",name[(int)money1],name[(int)money2]);
   }
5. #include <stdio.h>
   typedef int INT;
   void main()
   {
     INT a,b;
     a=5;
     b=6;
     printf("a=%d\tb=%d\n",a,b);
     {
       float INT;
       INT=3.0;
       printf("2*INT=%.2f\n",2*INT);
     }
   }
6. #include <stdio.h>
   void main()
```

```c
    {
      char a=-8;unsigned char b=248;
      printf("%d,%d",a>>2,b>>2);
    }
```

7. 
```c
#include <stdio.h>
void main()
{
  unsigned char a,b;
  a=0x9d;
  b=0xa5;
  printf("a AND b:%x\n",a&b);
  printf("a OR b:%x\n",a|b);
  printf("a NOR b:%x\n",a^b);
}
```

8. 
```c
#include <stdio.h>
void main()
{
  union
  {
    int a[2];
    long b;
    char c[4];
  }s;
  s.a[0]=0x39;
  s.a[1]=0x38;
  printf("%lx\n",s.b);
  printf("%c\n",s.c[0]);
}
```

## 四、程序填空题

1. 以下程序对输入的两个数字进行正确性判断，若数据满足要求则输出正确信息，并计算结果，否则打印出相应的错误信息并继续读数，直到输入正确为止。

```c
enum ErrorData {Right,Less0,Great100,MinMaxErr};
char *ErrorMessage[]={
                      " Enter Data Right",
                      " Data<0 Error",
                      " Data>100 Error",
                      " x>y Error"
                     };
#include <stdio.h>
void main()
{
  int status,x,y;
  do
  {
    printf(" please enter two number(x,y) ");
    scanf(" %d%d",&x,&y);
    status=_____①_____;
    printf(ErrorMessage[_____②_____]);
  }while(status!=Right);
```

```
    printf(" Result=%d",x*x+y*y);
}
int error (int min,int max)
{
  if (max<min) return MinMaxErr;
  else if (max>100) return Great100;
    else if (min<0) return Less0;
    else _____③_____;
}
```

2. 已知 head 指向一个不带头结点的环链表,链表中每个结点包含数据域(num)和指针域(link),数据域存放整数,第 i 个结点的数据域值为 i。以下函数利用环形链表模拟猴子选大王的过程:从第一个结点开始循环报数,每遇到 C 的整数倍,就将相应的结点删除(编号为 C 的猴子被淘汰),如此循环直到链表中剩下一个结点,就是猴王。

```
#include <stdio.h>
typedef int datatype;
typedef struct node
{
  datatype data;
  struct node*next;
} linklist;
…
int selectking(linklist *head,int c)
{
  linklist * p,*q; int t;
  p=head; t=0;
  do
  {
    t++;
    if ((t%c)!=0)
    {
      q=p;
      _____①_____;
    }
    else
    {
      q->next=_____②_____;
      p=p->next;
    }
  }
  while(_____③_____);
  return(p->data);
}
```

3. 下面程序的功能是实现左右循环移位,当输入位移的位数是一正整数时循环右移,输入一负整数时循环左移。

```
#include <stdio.h>
moveright(unsigned value,int n)
{
  unsigned z;
```

```
    z=(value>>n)|(value<<(32-n));        /*若用 TC 则应将 32 改为 16*/
    return(z);
}
moveleft(unsigned value,int n)
{
    unsigned z;
    _____①_____ ;
    return(z);
}
void main()
{
    unsigned a;
    int n;
    printf("请输入一个八进制数: ");
    scanf("%o",&a);
    printf("请输入位移的位数: ");
    scanf("%d",&n);
    if _____②_____
    {
        moveright(a.n);
        printf("循环右移的结果为: %o\n ", moveright(a,n));
    }
    else
    { _____③_____ ;
        moveleft(a.n);
        printf("循环左移的结果为: %o\n ",moveleft(a,n));
    }
}
```

4. 以下函数的功能是计算所用计算机中 int 型数据的字长（即二进制位）的位数（不同类型机器上 int 型数据所分配的长度是不同的，该函数具有可移植性）。

```
wordlength()
{
    int i;
    unsigned int v=_____①_____;        /*将 int 型单元各二进制位置 1*/
    for(i=1;(v=v>>1)>0;i++);              /*计算 int 单元中的位数*/
    return(_____②_____);
}
```

## 五、编写程序题

1. 输出一个整数中由 8～11 位构成的数。

2. 从键盘上输入 1 个正整数给 int 变量 num，按二进制位输出该数。

3. 从终端读入 16 进制无符号整数 m，调用函数 rightrot 将 m 中的原始数据循环右移 n 位，并输出移位前后的内容。

4. 编写函数 getbits 从一个 16 位的单元中取出以 n1 开始至 n2 结束的某几位，起始位和结束位都从左向右计算。同时编写主函数调用 getbits 函数进行验证。

# 参 考 答 案

## 一、选择题

1. C     2. C     3. B     4. B     5. B
6. C     7. C     8. D     9. B     10. B
11. A     12. B     13. B     14. A     15. B

## 二、填空题

1. 最长的成员的长度
2. 1     6
3. 34,12
4. %lf     num.x
5. 3,3
6. 80
7. 取地址     按位与
8. $$$
9. 10000010
10. a&040 或 a&0x20 或 a&32
11. 0377
12. 11110000
13. 0130 或 88 或 0x58
14. s = high & 0xff00|low &0x00ff 或 s = high & 0177400|low & 0377 或 s = high & 65280|low & 255
15. 1,4,16
16. 59
17. 105

## 三、阅读程序题

1. 13
2. 3,3
3. 2,3,
4. 2 5 dime dollar
5. a=5     b=6
   2*INT=6.00
6. −2,62
7. a AND b:85
   a OR b:bd
   a NOR b:38
8. 在 VC 下的结果:
   39

9

在 TC 下的结果：

380039

9

## 四、程序填空题

1. ①error(x,y)　　　　②status　　　　　　　③return Right

2. ①p=p->next　　　　②p->next->next　　　③p->next!=p

3. ①z = (value>>(32-n))|(value<<n)　（注：若用 TC 则应将 32 改为 16）

　②(n>0)　　　　　　③n=-n

4. ①~0　　　　　　　②i

## 五、编写程序题

1. 参考程序：

```
#include <stdio.h>
void main()
{
  int num, mask;
  printf("Input a integer number: ");
  scanf("%d",&num);
  num>>=8;                  /*右移 8 位，将 8～11 位移到低 4 位上*/
  mask=~(~0<<4);            /*间接构造 1 个低 4 位为 1、其余各位为 0 的整数*/
  printf("result=0x%x\n",num&mask);
}
```

2. 参考程序：

```
#include <stdio.h>
void main()
{
  int num,mask,i;
  printf("Input a integer number: ");
  scanf("%d",&num);
  mask=1<<15;              /*构造 1 个最高位为 1、其余各位为 0 的整数(屏蔽字)*/
  printf("%d=" ,num);
  for(i=1;i<=16;i++)
  {
    putchar(num&mask?'1':'0');    /*输出最高位的值(1/0)*/
    num<<=1;                      /*将次高位移到最高位上*/
    if ( i%4==0 ) putchar(',');   /*四位一组，用逗号分开*/
  }
  printf("\bB\n");
}
```

3. 参考程序：

```
#include <stdio.h>
void main()
{
  unsigned rightrot(unsigned a,int n);
```

```
    unsigned int m,b;
    int n;
    printf("enter m and n: ");
    scanf("%x,%d",&m,&n);
    printf("m=%x,n=%d\n",m,n);
    b=rightrot(m,n);
    printf("b=%x\n",b);
}
unsigned rightrot(unsigned a,int n)
{
    int rb;
    while(n-->0)
    rb=(a&1)<<(16-1);            /*分离出最低位*/
    a=a>>1;
    a=a|rb;                      /*将移出的低位置于最高位*/
    return(a);
}
```

4. 参考程序：

```
#include <stdio.h>
unsigned getbits(unsigned,int,int);
int n1,n2;
void main()
{
    unsigned x;
    printf("请输入一个八进制数 x: "),
    scanf("%o",&x);
    printf("请输入起始位 n1,结束位 n2:");
    scanf("%d,%d",&n1,&n2);
    printf("%o",getbits(x,n1-1,n2));
}
unsigned getbits(unsigned value,int n1,int n2)
{
    unsigned z;
    z=~0;
    z=(z>>n1)&(z<<(16-n2));
    z=value&z;
    z=z>>(16-n2);
    return(z);
}
```

# 第15章

## 文件操作

### 一、选择题

1. 要打开一个已存在的非空文件 file 用于修改，选择正确的语句（　　　）。

    A. fp=fopen("file","r");

    B. fp=fopen("file","a+");

    C. fp=fopen("file","w");

    D. fp=fopen("file","r+");

2. 若有以下定义和说明：

```
#include "stdio.h"
struct std
{
  char num[6];
  char name[8];
  float mark[4];
}a[30];
FILE *fp;;
```

设文件中以二进制形式存有 10 个班的学生数据，且已正确打开，文件指针定位于文件开头。

若要从文件中读出 30 个学生的数据放入 a 数组中，则以下不能实现此功能的语句是（　　　）。

    A. for(i=0; i<30; i++)

        fread(&a[i], sizeof(struct std), 1L, fp);

    B. for(i=0; i<30; i++)

        fread(a+i, sizeof(struct std), 1L, fp);

    C. fread(a, sizeof(struct std), 30L,fp);

    D. for(i=0; i<30; i++)

        fread(a[i], sizeof(struct std), 1L, fp);

3. fgetc 函数的作用是从指定文件读入一个字符，该文件的打开方式必须是（　　　）。

    A. 只写　　　　　　　　　　　　　　B. 追加

    C. 读或读写　　　　　　　　　　　　D. 答案 B 和 C 都正确

4. 若调用 fputc 函数输出字符成功，则其返回值是（        ）。

    A. EOF               B. 1               C. 0               D. 输出的字符

5. 阅读以下程序及对程序功能的描述，其中正确的描述是（        ）。

```c
#include <stdio.h>
#include <stdlib.h>
void main()
{
  FILE *in, *out;
  char infile[10],outfile[10];
  scanf("%s",infile);
  printf("Enter the infile name :\n");
  scanf("%s",outfile);
  if ((in=fopen(infile,"r"))==NULL)
  {
    printf("cannot open infile\n");
    exit(0);
  }
  if ((out=fopen(outfile,"w"))==NULL)
  {
    printf("cannot open outfile\n");
    exit(0);
  }
  while(!feof(in))
    fputc(fgetc(in),out);
  fclose(in);
  fclose(out);
}
```

    A. 程序完成将磁盘文件的信息在屏幕上显示的功能

    B. 程序完成将两个磁盘文件合二为一的功能

    C. 程序完成将一个磁盘文件复制到另一个磁盘文件中的功能

    D. 程序完成将两个磁盘文件合并且在屏幕上输出的功能

6. 函数调用语句：fseek(fp,-20L,2);的含义是（        ）。

    A. 将文件位置指针移动到距离文件 0 个字节处

    B. 将文件位置指针从当前位置向文件尾部方向移动 20 个字节

    C. 将文件位置指针从文件末尾处向文件首部方向移动 20 个字节

    D. 将文件位置指针移动到离当前位置 20 个字节处

7. fseek 函数的作用是（        ）。

    A. 使文件位置指针指向文件的开头          B. 使文件位置指针指向文件的末尾

    C. 改变文件的结束标记                     D. 改变文件的位置指针

8. rewind 函数的作用是（        ）。

    A. 使位置指针重新返回文件的开头

    B. 将位置指针指向文件中所要求的特定位置

    C. 使位置指针指向文件的末尾

    D. 使位置指针自动移动到下一个字符位置

9. ftell(fp) 函数的作用是（　　　）。

    A. 得到流式文件的当前位置

    B. 移动流式文件的位置指针

    C. 初始化流式文件的位置指针

    D. 以上答案均正确

10. 在执行 fopen 函数时，ferror 函数的初值是（　　　）。

    A. TURE           B. -1               C. 1                  D. 0

11. 下面程序实现人员登录，即每当键盘接收一个姓名，便在文件 member.dat 中寻找。若此姓名已经存在，则显示相应信息。若文件中没有该姓名，则将其存入文件（若文件 member.dat 不存在，应该在磁盘上建立一个新文件）。当输入姓名按回车键或处理过程中出现错误时程序结束。请从下面对应的一组选项中选择正确的内容。

```c
#include <stdio.h>
#include <stdlib.h>
#include <string.h>
void main()
{
  FILE *fp;
  int flag;
  char name[20],data[20];
  if ((fp=fopen("member.dat",_____(1)_____))==NULL)
  {
    printf("Open file error\n");
    exit(0);
  }
  do
  {
    printf("Enter name:");
    _____(2)_____;
    if (strlen(name)==0)
      break;
    strcat(name,"\n");
    rewind(fp);
    flag=1;
    while(flag&&((fgets(data,20,fp)!=NULL)))
      if (strcmp(data,name)==0)
        flag=0;
    if (flag)
      fputs(name,fp);
    else
      printf("\tThis name has been existed!\n");
  }while(_____(3)_____);        /*读写正确就循环*/
  fclose(fp);
}
```

（1）A. "w"                        B. "w+"

       C. "r+"                      D. "a+"

（2）A. fgets(name)              B. gets(name)

  C. scanf(name)        D. getc(name)

（3）A. ferror(fp)==0       B. ferror(fp)==1

  C. ferror(fp)!=0       D. !(ferror(fp)==0)

## 二、填空题

1. 在 C 程序中，文件可以用＿＿＿＿＿＿方式存取，也可以用＿＿＿＿＿＿方式存取。

2. 在 C 语言中，文件的存取是以＿＿＿＿＿＿为单位的，这种文件被称作＿＿＿＿＿＿文件。

3. C 语言中标准输入文件 stdin 是指＿＿＿＿＿＿。

4. 若要用 fopen 函数打开一个新的二进制文件，该文件要既能读也能写，则文件使用方式字符串应是＿＿＿＿＿＿。

5. feof(fp)函数用来判断文件是否结束，如果遇到文件结束，函数值为＿＿＿＿＿＿，否则为＿＿＿＿＿＿。

6. 当顺利执行了文件关闭操作时，fclose 函数的返回值是＿＿＿＿＿＿。

7. 当调用函数 fread 从磁盘文件中读数据时，若函数的返回值为 10，则表明读入了 10 个字符；若函数的返回值为 0，则是＿＿＿＿＿＿；若函数的返回值为-1，则意味着＿＿＿＿＿＿。

8. 函数调用语句：fgets(buf,n,fp);从 fp 指向的文件中读入＿＿＿＿＿＿个字符放到 buf 字符数组中，函数返回值为＿＿＿＿＿＿。

9. 设有以下结构体类型：

```
struct st
{
  char name[8];
  int num;
  float s[4];
}student[50];
```

  并且结构体数组 student 中的元素都已有值，若要将这些元素写到硬盘文件 fp 中，请将以下 fwrite 语句补充完整。

```
    fwrite(student,_____,1,fp);
```

10. 假设以下程序运行前文件 gg.txt 的内容为 sample，则程序运行后的结果是＿＿＿＿＿＿。

```
#include <stdio.h>
void main(void)
{
  FILE *fp;
  long position;
  fp=fopen("gg.txt","a");
  position=ftell(fp);
  printf("position=%ld\n",position);
  fprintf(fp,"%s","sample data\n");
  position=ftell(fp);
  printf("position=%ld\n",position);
  fclose(fp);
}
```

## 三、程序填空题

1. 下面程序用变量 count 统计文件中字符的个数。

```
#include <stdio.h>
```

```
#include <stdlib.h>
void main()
{
  FILE *fp;
  long count=0;
  if ((fp=fopen("letter.dat",_____①_____))==NULL)
  {
    printf("cannot open file\n");
    exit(0);
  }
  while(!feof(fp))
  {
    _____②_____;
    _____③_____;
  }
  printf("count=%ld\n",count);
  fclose(fp);
}
```

2. 下面程序的功能是将磁盘上的一个文件复制到另一个文件中，两个文件名在命令行中给出（假定给定的文件名无误）。

```
#include <stdio.h>
#include <stdlib.h>
void main(int argc,char *argv[])
{
  FILE *f1,*f2;
  if (argc<_____①_____)
  {
    printf("The command line error! ");
    exit(0);
  }
  f1=fopen(argv[1],"r");
  f2=fopen(argv[2],"w");
  while(_____②_____)
    fputc(fgetc(f1),_____③_____);
  _____④_____;
  _____⑤_____;
}
```

3. 下面程序的功能是根据命令行参数分别实现一个正整数的累加或阶乘。例如，如果可执行文件的文件名是 sm，则执行该程序时输入"sm + 10"，可以实现 10 的累加；输入"sm - 10"，可以实现求 10 的阶乘。

```
#include <stdio.h>
#include <stdlib.h>
void main (int argc,char *argv[])
{
  int n;
  void sum(int),mult(int);
  void (*funcp)(int);
  void dispform(void);
```

```
    n=atoi(argv[2]);
    if (argc!=3||n<=0)
      dispform();
    switch (_____①_____)
    {
      case '+': funcp=sum;
        break;
      case '-': funcp=mult;
        break;
      default: dispform();
    }
    _____②_____;
}
void sum(int m)
{
  int i,s=0;
  for(i=1;i<=m;i++)
    _____③_____;
  printf("sum=%d\n",s);
}
void mult(int m)
{
  long int i,s=1;
  for(i=1;i<=m;i++)
    s *= i;
  printf("mult=%ld\n",s);
}
void dispform(void)
{
  printf("usage:sm (+/-) n(n>0)\n");
  exit (0);
}
```

4. 下面程序的功能是键盘上输入一个字符串，把该字符串中的小写字母转换为大写字母，输出到
   文件 test.txt 中，然后从该文件读出字符串并显示出来。

```
#include <stdio.h>
#include <stdlib.h>
#include <string.h>
void main()
{
  char str[100];
  int i=0;
  FILE *fp;
  if ((fp=fopen("test.txt",_____①_____))==NULL)
  {
    printf("Can't open the file.\n");
    exit(0);
  }
  printf("Input a string:\n");
  gets(str);
```

```
      while(str[i])
      {
        if (str[i]>='a'&&str[i]<='z')
          str[i]-=_____②_____;
        fputc(str[i],fp);
        i++;
      }
      fclose(fp);
      fp=fopen("test.txt",_____③_____);
      fgets(str,strlen(str)+1,fp);
      printf("%s\n",str);
      fclose(fp);
    }
```

5. 下面程序的功能是将从终端上读入的 10 个整数以二进制方式写入名为 binary.dat 的新文件中。

```
    #include <stdio.h>
    #include <stdlib.h>
    void main()
    {
      FILE *fp;
      int i, j;
      if ((fp=fopen(_____①_____, "wb" ))==NULL)
        exit(0);
      for(i=0;i<10;i++)
      {
        scanf("%d",&j);
        fwrite(_____②_____,sizeof(int),1,_____③_____);
      }
      fclose(fp);
    }
```

6. 以字符流形式读入一个文件，从文件中检索出 6 种 C 语言的关键字，并统计输出每种关键字在
   文件中出现的次数。本程序中规定：单词是一个以空格符、'\t'或'\n'结束的字符串。

```
    #include <stdio.h>
    #include <string.h>
    #include <stdlib.h>
    FILE *cp;
    char fname[20],buf[100];
    int num;
    struct key
    {
      char word[10];
      int count;
    }keyword[]={"if",0,"char",0,"int",0,"else",0,"while",0,"return",0};
    char *getword(FILE *fp)
    {
      int i=0;
      char c;
      while((c=getc(fp))!=EOF&&(c==' '||c=='\t'||c=='\n'));
      if (c==EOF)
        return(NULL);
```

```
    else buf[i++]=c;
    while((c=____①____&&c!=' '&&c!='\t'&&c!='\n')
      buf[i++]=c;
    buf[i]='\0';
    return(buf);
  }
  void lookup(char *p)
  {
    int i;
    char *q, *s;
    for(i=0;i<num;i++)
    {
      q = _____②_____;
      s=p;
      while(*s&&(*s==*q))
      {
        _____③_____
      }
      if (_____④_____)
      {
        keyword[i].count++;
        break;
      }
    }
    return;
  }
  void main()
  {
    int i;
    char *word;
    printf("Input file name:");
    scanf("%s",fname);
    if ((cp=fopen(fname, "r"))==NULL)
    {
      printf("File open error: %s\n", fname);
      exit(0);
    }
    num=sizeof(keyword)/sizeof(struct key);
    while(_____⑤_____)
      lookup(word);
    fclose(cp);
    for(i=0;i<num;i++)
      printf("keyword:%-20scount=%d\n",keyword[i].word,keyword[i].count);
  }
```

## 四、编写程序题

1. 设文件 number.dat 中放了一组整数，统计并输出文件中正整数、零和负整数的个数。

2. 设文件 student.dat 中存放着一年级学生的基本情况，这些情况由以下结构体来描述：

```
struct student
{
  long int num;              /*学号*/
```

```
    dhar [10];              /*姓名*/
    int age;                /*年龄*/
    char sex;               /*性别*/
    char speciality[20];    /*专业*/
    char addr[40];          /*住址*/
};
```

需要输出学号在 20070101～20070135 之间的学生学号、姓名、年龄和性别。

3. 从键盘输入 3 个学生的数据，将它们存入文件 student.dat，然后再从文件中读出数据，显示在屏幕上。

4. 读入磁盘上 C 语言源程序文件 practice1.c，删去程序中的注释后显示。

# 参 考 答 案

**一、选择题**

1. D          2. D          3. C          4. D          5. C
6. C          7. D          8. A          9. A          10. D
11. D  B  A

**二、填空题**

1. 顺序      随机
2. 字符      流式
3. 键盘
4. wb+
5. 非零值      0
6. 0
7. 遇到了文件结束符      读文件出错
8. n-l      buf 的首地址
9. 50*sizeof(struct st)
10. position=0
    position=19

**三、程序填空题**

1. ①"r"              ②fgetc(fp)              ③count++
2. ①3               ②!feof(f1)或 feof(f1)==0    ③f2
   ④fclose(f2)        ⑤fclose(f1)
3. ①*argv[1]         ②(*funcp)(n)            ③s+=i
4. ①"w"             ②32                    ③"r"
5. ①"binary.dat"     ②&j                    ③fp
6. ①fgetc(fp))!=EOF   ②&keyword[i].word[0]    ③s++; q++;
   ④*s==*q           ⑤(word=getword(cp))!=NULL
```
```

## 四、编写程序题

1. 参考程序：

```c
#include "stdio.h"
FILE*fp;
void main()
{
  int p=0,n=0,z=0,temp;
  fp=fopen("number.dat","r");
  if (fp==NULL)
  {
    printf("file not found\n");
    return;
  }
  else
  {
    while(!feof(fp))
    {
      fscanf(fp,"%d",&temp);
      if (temp>0)
        p++;
      else if (temp<0)
        n++;
      else
        z++;
    }
    fclose(fp);
    printf("positive:%3d,negtive:%3d,zero:%3d\n",p,n,z);
  }
}
```

2. 参考程序：

```c
#include "stdio.h"
struct student
{
  long int num;
  char name[10];
  int age;
  char sex;
  char speciality[20];
  char addr[40];
};
FILE*fp;
void main()
{
  struct student std;
  fp=fopen("student.dat","rb");
  if (fp==NULL)
    printf("file not found\n");
  else
  {
    while(!feof(fp))
```

```
    {
      fread(&std,sizeof(struct student),1,fp);
      if (std.num>=20070101&&std.num<=20070135)
        printf("%ld %s %d %c\n",std.num,std.name,std.age,std.sex);
    }
    fclose(fp);
  }
}
```

3. 参考程序：

```c
#include <stdio.h>
#include <stdlib.h>
#define SIZE 3
struct student                              /* 定义结构 */
{
  long num;
  char name[10];
  int age;
  char address[10];
}stu[SIZE],out;
void fsave()
{
  FILE *fp;
  int i;
  if ((fp=fopen("student","wb"))==NULL)    /* 以二进制写方式打开文件 */
  {
    printf("Cannot open file.\n");         /* 打开文件的出错处理 */
    exit(1);                               /* 出错后返回，停止运行 */
  }
  for(i=0;i<SIZE;i++)                      /* 将学生的信息（结构）以数据块形式写入文件 */
    if (fwrite(&stu[i],sizeof(struct student),1,fp)!=1)
      printf("File write error.\n");       /* 写过程中的出错处理 */
  fclose(fp);                              /* 关闭文件 */
}
void main()
{
  FILE *fp;
  int i;
  for(i=0;i<SIZE;i++)                      /* 从键盘读入学生的信息(结构) */
  {
    printf("Input student %d:",i+1);
    scanf("%ld%s%d%s",&stu[i].num,stu[i].name,&stu[i].age,stu[i].address);
  }
  fsave();                                 /* 调用函数保存学生信息 */
  fp=fopen("student","rb");                /* 以二进制读方式打开数据文件 */
  printf(" No. Name Age Address\n");
  while(fread(&out,sizeof(out),1,fp))      /* 以读数据块方式读入信息 */
    printf("%8ld. %-10s %4d %-10s\n",out.num,out.name,out.age,out.address);
  fclose(fp);                              /* 关闭文件 */
}
```

4. 参考程序:

```
#include <stdio.h>
#include <stdlib.h>
FILE *fp;
void main()
{
  char c, d;
  void in_comment(void);
  void echo_quote(int);
  if ((fp=fopen("practice1.c","r"))==NULL)
    exit(0);
  while((c=fgetc(fp))!=EOF)
    if (c=='/')                              /* 如果是字符注释的起始字符'/' */
      if ((d=fgetc(fp))=='*')                /* 则判断下一个字符是否为'*' */
        in_comment();                        /* 调用函数处理(删除)注释 */
      else                                   /* 否则原样输出读入的两个字符 */
      {
        putchar(c);
        putchar(d);
      }
    else
      putchar(c);
}
void in_comment(void)
{
  int c, d;
  c=fgetc(fp);
  d=fgetc(fp);
  while(c!='*'||d!='/')
  {                                          /* 连续的两个字符不是 * 和 / 则继续处理注释 */
    c=d;
    d=fgetc(fp);
  }
}
```

# 参 考 文 献

[1] 刘卫国. C 语言程序设计. 北京：中国铁道出版社，2008.

[2] 杨路明. C 语言程序设计上机指导与习题选解. 2 版. 北京：北京邮电大学出版社，2005.

[3] 曹衍龙，林瑞仲，徐慧. C 语言实例解析精粹. 2 版. 北京：人民邮电出版社，2007.

[4] KERNIGHAN B W, RITCHIE D M. The C Programming Language. 2nd ed. Prentice-Hall International, Inc., 1997.

[5] DEITEL H M, DEITEL P J. C 程序设计教程. 薛万鹏，等译. 北京：机械工业出版社，2000.

[6] HARBISON S P, STEELE G L. C: A Reference Manual. 5th ed. 北京：人民邮电出版社，2003.

笔 记 栏